모아 전기산업기사
전력공학

필기 이론+과년도 7개년

모아합격전략연구소

전기산업기사 자격시험 알아보기

01 전기산업기사는 어떤 업무를 담당하는가?

A. 전기는 관련설비의 시공과 작동에 있어서 전문성이 요구되는 분야로 전기기계기구의 설계, 제작, 관리 등과 전기설비를 구성하는 모든 기자재의 규격, 크기, 용량 등을 산정하기 위한 계산 및 자료의 활용을 하며 전기설비의 설계, 도면 및 시방서 작성, 점검 및 유지, 시험작동, 운용관리 등에 전문적인 역할과 전기안전 관리 담당자로서의 업무를 수행합니다.

02 전기산업기사 자격시험은 어떻게 시행되는가?

시행기관
한국산업인력공단

시험과목(필기)
전기자기학
전력공학
전기기기
회로이론
전기설비기술기준

시행과목(실기)
전기설비설계 및 관리

검정방법(필기)
객관식 과목당 20문항
(과목당 30분)

검정방법(실기)
필답형 2시간

합격기준
필기 : 100점 만점에 과목당 40점 이상
전과목 평균 60점 이상
실기 : 100점 만점에 60점 이상

03 전기산업기사 자격시험은 언제 시행되는가?

구분	필기원서접수	필기시험	필기 합격자 발표 (예정자)	실기 원서접수	실기 시험	최종 합격자 발표일
2024년 제1회	01.23 ~ 01.26	02.15 ~ 03.07	03.13(수)	03.26 ~ 03.29	04.27 ~ 05.12	1차 : 05.29(수) 2차 : 06.18(화)
2024년 제2회	04.16 ~ 04.19	05.09 ~ 05.28	06.05(수)	06.25 ~ 06.28	07.28 ~ 08.14	1차 : 08.28(수) 2차 : 09.10(화)
2024년 제3회	06.18 ~ 06.21	07.05 ~ 07.27	08.07(수)	09.10 ~ 09.13	10.19 ~ 11.08	1차 : 11.20(수) 2차 : 12.11(수)

04 전기산업기사 최근 합격률은 어떠한가?

연도	필기			실기		
	응시	합격	합격률	응시	합격	합격률
2023	29,955명	5,607명	18.72%	11,159명	5,641명	50.55%
2022	31,121명	6,692명	21.50%	16,223명	3,917명	24.10%
2021	37,892명	6,991명	18.40%	18,416명	5,020명	27.30%
2020	34,534명	8,706명	25.20%	18,082명	4,955명	27.40%
2019	37,091명	6,629명	17.90%	13,179명	4,486명	34.04%
2018	30,920명	6,583명	21.30%	12,331명	4,820명	39.10%
2017	29,428명	5,779명	19.60%	12,159명	4,334명	35.60%

05 전기산업기사 자격시험 응시 사이트는 어디인가?

A. 큐넷(http://www.q-net.or.kr) 원서 접수는 온라인(인터넷, 모바일앱)에서만 가능합니다. 스마트폰, 태블릿PC 사용자는 모바일앱 프로그램을 설치한 후 접수 및 취소, 환불서비스를 이용하시기 바랍니다.

참 잘 만들어서 참 공부하기 쉬운
모아 전기산업기사 전력공학 필기

이 책의 특징 살짝 엿보기

그림으로 이해하기

그림으로 이론을 **쉽게 이해**하고 **외우기 쉽게** 만들었습니다.

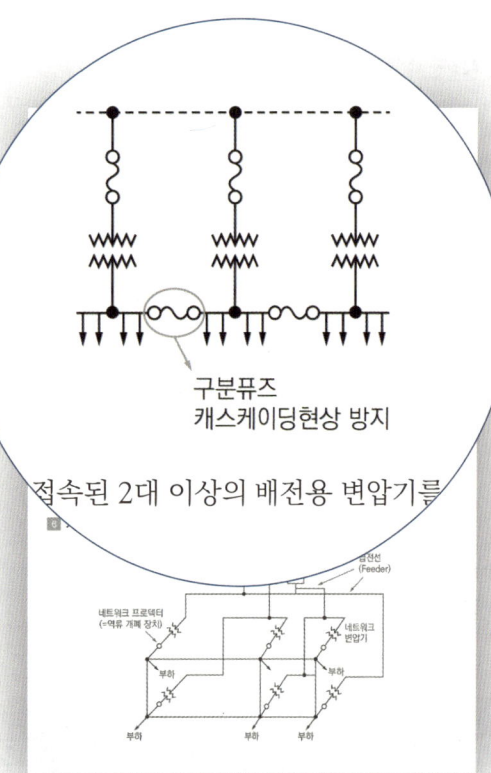

예제에 적용하기

그림으로 이론을 이해한 후
이론과 연계된 예제를 준비했습니다.
이론 이해와 문제 적용을
ONE-STEP으로 해결하세요.

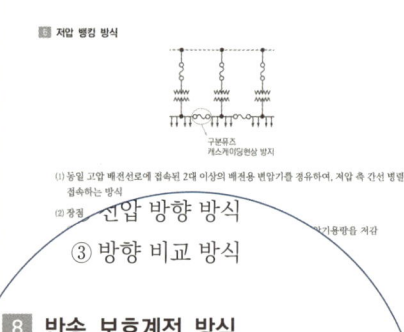

7개년 기출로 정복하기

2017년부터 2023년까지의 **최신 기출문제**를 수록했습니다.

해설까지 한번에 보기

기출문제와 해설을 한번에 배치하여 모르는 부분은 **바로 확인**할 수 있습니다.

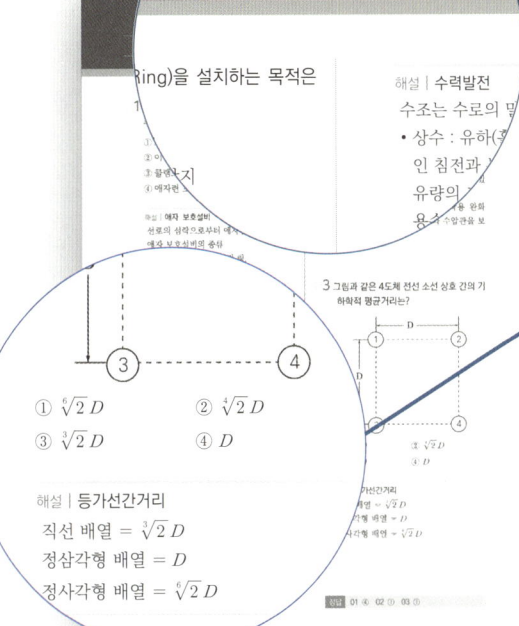

TIP으로 확실히 다지기

막히거나 **놓치기 쉬운 부분**도 잊지 않고 팁으로 안내해 드립니다.

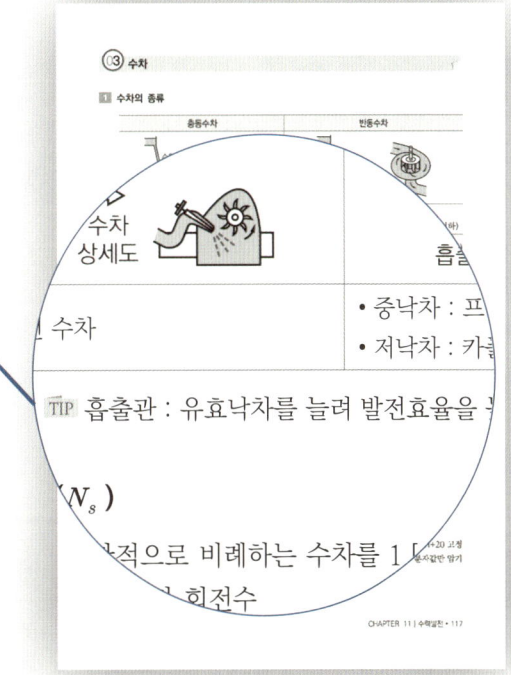

전기산업기사 전력공학 필기
10일만에 완성하기

하루 소요 공부예정시간
대략 평균 3시간

📝 모아 전기산업기사 전력공학 **필기**

DAY 1
- Chapter 01 전선로
- Chapter 02 선로정수 및 코로나
- Chapter 03 송전 특성

✏️ **학습 Comment**
전선로의 기본 개념을 익히고 송전 특성에 대하여 학습해 주세요.

DAY 2
- 이전 내용 복습
- Chapter 04 조상설비 및 전력원선도

✏️ **학습 Comment**
기본개념을 복습하며 상을 조절하는 설비와 전력원선도에 대해 학습해 주세요.

DAY 3
- Chapter 05 고장계산
- Chapter 06 중성점 접지 및 유도장해
- Chapter 07 이상전압 및 보호계전기

✏️ **학습 Comment**
고장, 이상이 생겼을 때의 대책에 대해 공부하는 단원입니다.

DAY 4
- 이전 내용 복습
- Chapter 08 수전설비

✏️ **학습 Comment**
수전설비, 차단기에 대해 공부하는 단원입니다.

DAY 5
- Chapter 09 배전 방식 및 전기 공급 방식
- Chapter 10 배전선로의 부하특성 및 운용

✏️ **학습 Comment**
송전 내용을 되새기며 배전 파트를 학습해 주세요.

DAY 6
- Chapter 11 수력발전
- Chapter 12 화력발전
- Chapter 13 원자력발전

✏️ **학습 Comment**
발전에 대하여 학습하는 단원입니다. 방대한 분량에 비해 실제 출제 비중이 적으니 가벼운 마음으로 공부해 주세요.

DAY 7
- 이론 총정리 복습
- 과년도 1개년 (2023년)

DAY 8
- 과년도 2개년 (2022년 ~ 2021년)

DAY 9
- 과년도 2개년 (2020년 ~ 2019년)

DAY 10
- 과년도 2개년 (2018년 ~ 2017년)

✏️ **학습 Comment**
전체 이론을 복습 후 과년도 문제 학습을 시작해 주세요. 틀린 문제를 체크해가며 어느 단원에 취약한지 파악하여 보충할 수 있도록 합니다.

2024 모아 전기산업기사 시리즈

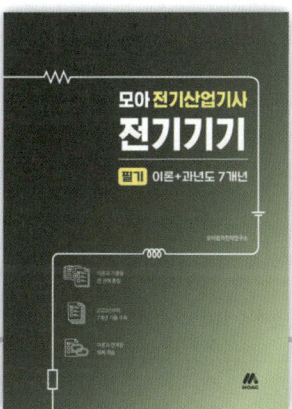

『However difficult life may seem,
there is always something you can do and succeed at.』

아무리 인생이 어려워보일지라도,
당신이 할 수 있고, 성공할 수 있는 것은 언제나 존재한다.

영국의 천재 물리학자인 스티븐 호킹이 남긴 말입니다.

호킹은 갑작스러운 루게릭 병 발병으로 신체적 장애를 얻었지만, 포기하지 않고 기계를 통해 세상과 소통하며 물리학에서 눈부신 업적을 이뤄내게 됩니다.

아무리 어렵고 불가능해 보일지라도,
자기 자신을 믿고 할 수 있는 일을 해내다 보면 반드시 성공할 날이 올 것입니다.

여러분 모두가 합격이라는 결승점에 닿을 때까지
저희가 곁에서 응원하겠습니다.
포기하지 마세요!

천은지 드림

모아 전기산업기사
전력공학

필기 이론+과년도 7개년

이 책의 순서

PART 01 전력공학

Ch 01 전선로
01 전선 ·· 014
02 애자 ·· 020
03 지지물 ······································ 021

Ch 02 선로정수 및 코로나
01 선로정수 ·································· 023
02 복도체, 연가 ···························· 027
03 코로나 ······································ 029

Ch 03 송전 특성
01 거리별 선로정수 및 회로 ········ 032
02 단거리 송전선로 ······················ 033
03 중거리 송전선로 ······················ 035
04 장거리 송전선로 ······················ 038

Ch 04 조상설비 및 전력원선도
01 조상설비 ·································· 041
02 전력원선도 ······························ 048
03 송전용량 ·································· 049

Ch 05 고장계산
01 고장계산 ·································· 052
02 대칭좌표법 ······························ 056

Ch 06 중성점 접지 및 유도장해
01 중성점 접지 방식 종류 ············ 060
02 유도장해 ·································· 066
03 안정도 ······································ 069

Ch 07 이상전압 및 보호계전기
01 이상전압 ·································· 071
02 이상전압의 대책 ······················ 074
03 보호계전 방식 ·························· 079

Ch 08 수전설비
01 수전 설비 기기의 종류 ············ 085
02 CT결선 방법 ···························· 088
03 차단기(CB) ······························ 089

Ch 09 배전 방식 및 전기 공급 방식
01 배전선로 구성 ·························· 092
02 배전 방식 ································ 093
03 전기 공급 방식 ························ 098

Ch 10 배전선로의 부하특성 및 운용
01 배전선로 전압강하 ·················· 105
02 부하특성 ·································· 105
03 배전선로의 전압조정 ·············· 108

| 04 | 이상현상 | 110 |
| 05 | 보호설비 | 112 |

Ch 11 수력발전

01	수력발전소 구성도	115
02	수력발전 구성 설비	115
03	수차	117
04	수력발전의 종류	119
05	수력학	121
06	기타 부속설비 및 용어 정리	123
07	하천유량 및 유량 측정	124

Ch 12 화력발전

01	화력발전소 구성도	126
02	화력발전 구성 설비	126
03	열 사이클	128
04	열역학	130

Ch 13 원자력발전

01	원자력발전소 구성도	134
02	원자력 설비	134
03	원자력발전의 특징	136
04	원자력발전소의 종류	136

PART 02

과년도 기출문제

전력공학 2023년 1회	142
전력공학 2023년 2회	147
전력공학 2023년 3회	152
전력공학 2022년 1회	157
전력공학 2022년 2회	162
전력공학 2022년 3회	167
전력공학 2021년 1회	172
전력공학 2021년 2회	177
전력공학 2021년 3회	182
전력공학 2020년 1, 2회	188
전력공학 2020년 3회	193
전력공학 2020년 4회	199
전력공학 2019년 1회	204
전력공학 2019년 2회	209
전력공학 2019년 3회	214
전력공학 2018년 1회	219
전력공학 2018년 2회	224
전력공학 2018년 3회	229
전력공학 2017년 1회	234
전력공학 2017년 2회	239
전력공학 2017년 3회	244

CHAPTER 01 전선로
CHAPTER 02 선로정수 및 코로나
CHAPTER 03 송전 특성
CHAPTER 04 조상설비 및 전력원선도
CHAPTER 05 고장계산
CHAPTER 06 중성점 접지 및 유도장해
CHAPTER 07 이상전압 및 보호계전기
CHAPTER 08 수전설비
CHAPTER 09 배전 방식 및 전기 공급 방식
CHAPTER 10 배전선로의 부하특성 및 운용
CHAPTER 11 수력발전
CHAPTER 12 화력발전
CHAPTER 13 원자력발전

PART 01

필기

모아 전기산업기사

전력공학

CHAPTER 01 전선로

01 전선

1 전선로의 구성

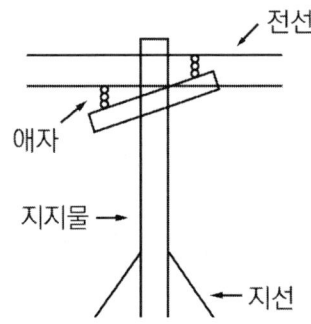

2 전선

(1) 구비조건

　① 큰 도전율

　② 충분한 기계적 강도

　③ 좋은 내구성

　④ 큰 가요성

　⑤ 작은 비중

　⑥ 저렴한 가격

(2) 전선의 굵기 선정

　① 전선의 굵기 선정 시 고려사항 : <u>허용전류</u>, <u>전압강하</u>, <u>기계적 강도</u>　　🔎 허접강도

　② 캘빈의 법칙 : 가장 **경제적인** 전선 굵기 선정 방법

3 구조에 의한 분류

(1) 단선 : **한 가닥**의 소선으로 만든 전선

(2) 연선 : 소선 **여러 가닥**을 꼬아서 만든 전선

(3) 연선 각 요소 계산 정리

    ① 소선 층수 n : 중심 소선을 뺀 층수

    ② 연선 소서 총수 $N = 3n(n+1) + 1$ [가닥]

    ③ 연선 바깥지름 $D = (2n+1)d$ [mm]　　d : 전선 직경

    ④ 연선 공칭 단면적 $S = \dfrac{\pi}{4}d^2 \times N$ [mm^2]

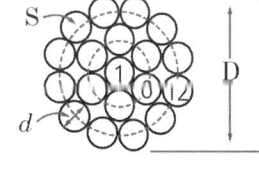

(4) 중공연선

    ① 도체 중심부가 비어 있음

    ② 코로나 발생 방지

    ③ 표피효과 대응 가능

예제 01

19/1.8 [mm] 경동연선의 바깥지름은 몇 [mm]인가?

① 5　　　　② 7　　　　③ 9　　　　④ 11

해설 소선 층수(n) 계산

- 소선 총수 식 N = 3n(n + 1) + 1
  19 = 3n(n + 1) + 1,　　n = 2
- 바깥지름 D = (2n + 1) d = (2 × 2 + 1) × 1.8 = 9 [mm]

정답 ③

4 재료에 의한 분류

(1) 동선

    ① 경동선　$\rho = \dfrac{1}{55}$ [$\Omega \cdot mm^2/m$]　　ρ (고유저항) : 전선 자체 저항

    ② 연동선　$\rho = \dfrac{1}{58}$ [$\Omega \cdot mm^2/m$]

(2) 강심 알루미늄 연선(ACSR)

구조	특징
강심(철) 알루미늄	• $\rho = \dfrac{1}{35}[\Omega \cdot mm^2/m]$ • 알루미늄은 구리보다 가벼우므로 **중량이 감소함** • 전선 중앙에 강심을 넣어 일반 전선보다 **바깥지름이 큼** • 코로나 발생 방지

5 표피효과

전류가 중심부보다 표피로 흐르는 현상

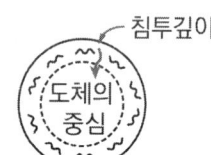

(1) 침투깊이 $\delta = \dfrac{1}{\sqrt{\pi f \mu k}}[m]$ f : 주파수, μ : 투자율, k : 도전율

(2) 투자율 · 주파수 · 전선 굵기 · 도전율 클수록
    침투깊이 감소, 표피효과 증가

예제 02

표피효과에 대한 설명으로 옳은 것은?

① 표피효과는 주파수에 비례한다.
② 표피효과는 전선의 단면적에 반비례한다.
③ 표피효과는 전선의 비투자율에 반비례한다.
④ 표피효과는 전선의 도전율에 반비례한다.

해설 표피효과(전류가 표피 측으로 흐름)

- 침투깊이 $\delta = \dfrac{1}{\sqrt{\pi f \mu k}}[m]$ f : 주파수 μ : 투자율 k : 도전율
- 침투깊이와 표피효과의 관계
  1) 투자율이 클수록   2) 주파수가 높을수록
  3) 전선이 굵을수록   4) 도전율이 높을수록

∴ 침투깊이 감소, 표피효과 증가

정답 ①

6 전선 보호 설비

(1) 댐퍼(Damper) : 전선 **진동방지** 설비

(2) 오프셋(Offset) : 선선 노약에 의한 상·하부 전선의 단락사고 방지

(3) 아머로드(Armor Rod) : 전선 지지점에서의 단선 방지

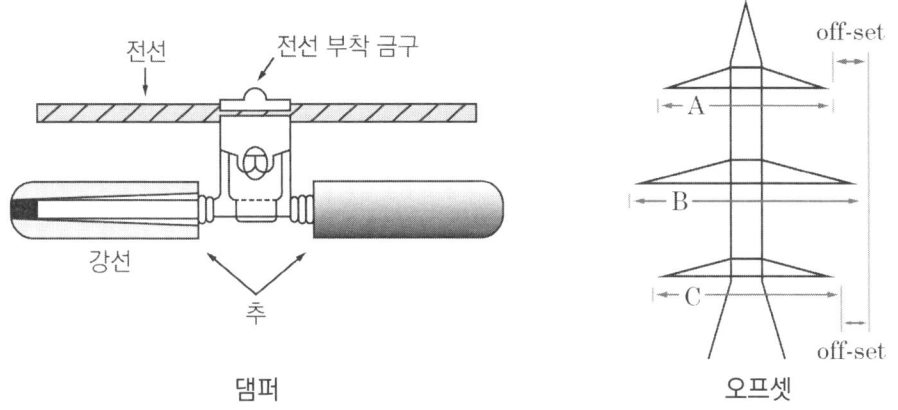

댐퍼   오프셋

예제 03

다음 중 송·배전선로의 진동 방지 대책에 사용되지 않는 기구는?

① 댐퍼   ② 조임쇠   ③ 클램프   ④ 아머 로드

해설 전선 진동 방지 대책 설비

댐퍼·클램프·아머로드

정답 ②

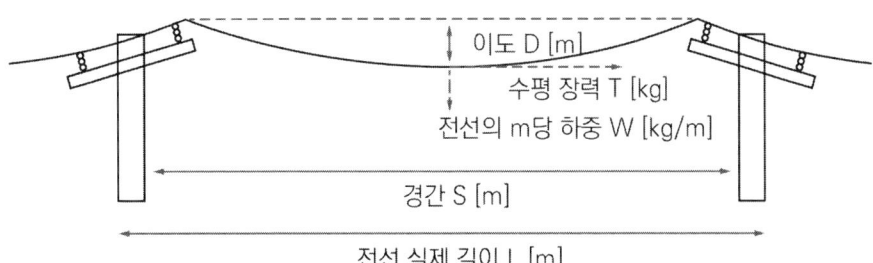

7 이도(D) - 처짐정도

전선이 밑으로 처진 정도를 나타내는 수직거리

(1) 이도 계산

$$D = \frac{WS^2}{8T} [m]$$

T : 수평장력 $\left(= \dfrac{인장하중}{안전율}\right)$ [kg]

W : 전선의 m당 하중[kg/m]   S : 경간[m]

(2) 수평장력 : 전선이 직선거리로 팽팽하게 되면 전선주와 전선에 작용하는 힘

(3) 경간 : 전주와 전주 사이의 수평거리

(4) 전선 실제 길이 $L = S + \dfrac{8D^2}{3S} [m]$

(5) 전선 평균 높이 $H_0 = H - \dfrac{2}{3}D [m]$

예제 04

가공전선로의 경간 200 [m], 전선의 자체 무게 2 [kg/m], 인장하중 5000 [kg], 안전율 2인 경우 전선의 이도는 몇 [m]인가?

① 2   ② 4   ③ 6   ④ 8

해설 전선의 이도

- 수평장력 $T = \dfrac{인장하중}{안전율} = \dfrac{5,000}{2} = 2,500 [kg]$

- 전선의 이도 $D = \dfrac{WS^2}{8T} = \dfrac{2 \times 200^2}{8 \times 2,500} = 4 [m]$

  W : 전선 무게 [kg/m] S : 경간 [m] T : 수평장력 [kg]

정답 ②

예제 05

전선의 지지점의 높이가 15 [m], 이도가 2.7 [m] 경간이 300 [m]일 때 전선의 지표상으로부터의 평균 높이[m]는?

① 14.2   ② 13.2   ③ 12.2   ④ 11.2

해설 전선 평균높이

$$H_0 = H - \frac{2}{3}D = 15 - \frac{2}{3} \times 2.7 = 13.2[m]$$

정답 ②

예제 06

가공 선로에서 이도를 D [m]라 하면 전선의 실제 길이는 경간 S [m]보다 얼마나 차이가 나는가?

① $\dfrac{5D}{8S}$ ② $\dfrac{3D^2}{8S}$ ③ $\dfrac{9D}{8S^2}$ ④ $\dfrac{8D^2}{3S}$

해설 전선의 실제 길이

$$L = S + \frac{8D^2}{3S}[m]$$

정답 ④

8 전선의 하중(W)

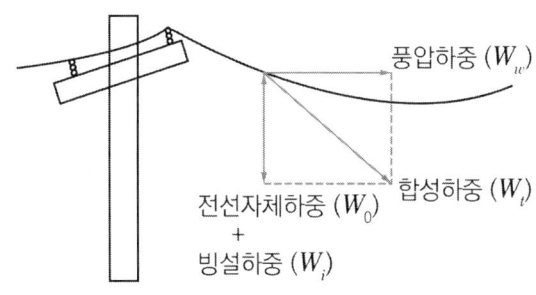

(1) 전선 자체의 하중(W_0)

(2) 빙설하중(W_i) : 빙설이 부착된 상태의 하중

(3) 풍압하중(W_w) : 바람에 의한 하중, 가장 크게 작용

　① 빙설이 적은 지방(고온계) $W_W = \dfrac{Pd}{1000} [kg/m]$

　② 빙설이 많은 지방(저온계) $W_W = \dfrac{P(d+12)}{1000} [kg/m]$

　　　　　　　　　　P : 풍압 $[kg/m^2]$　　d : 지름 $[mm]$

(4) 합성하중(W_t)

　① 빙설이 적은 지방(고온계) $W_t = \sqrt{W_0^2 + W_W^2}\ [kg/m]$

　② 빙설이 많은 지방(저온계) $W_t = \sqrt{(W_0 + W_i)^2 + W_W^2}\ [kg/m]$

02 애자

전선로와 지지물 사이를 **절연** 및 **지지**하기 위한 설비

1 애자의 구비 조건

(1) **절연 내력** 및 저항이 클 것

(2) 온도 급변에 견디고 습기를 흡수하지 말 것

(3) **누설전류**가 적을 것

(4) 기계적 강도 클 것

2 애자 보호설비

(1) 선로의 섬락으로부터 애자련을 보호

(2) 종류
　① 초호환 = 소호환 = 아킹 링
　② 초호각 = 소호각 = 아킹 혼

3 전압별 애자 개수(250 [mm] 현수애자 기준)

[kV]	66	154	345	765
개	4~6	9~11	19~23	39~43

TIP 대략적인 애자 개수
66 [kV] : 5개 / 154 [kV] : 10개
345 [kV] : 20개 / 765 [kV] : 40개

4 애자련의 전압부담

(1) 전압부담이 가장 큰 것
    전선에서 가장 가까운 것
(2) 전압부담이 가장 적은 것
    ① 철탑에서 1/3 지점
    ② 전선에서 2/3 지점

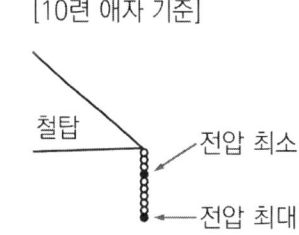

TIP 애자련 10개 연결 시, 철탑에서 3번째 있는 것

5 현수애자의 섬락 전압(250 [mm] 현수애자 기준)

(1) 현수애자의 양 전극 간에 시험전압을 인가해서 섬락이 일어나는 최대전압
(2) 섬락전압의 종류
    ① 건조 섬락전압 : 건조한 상태에서 섬락전압, 약 80 [kV]
    ② 주수 섬락전압 : 물기가 있는 상태에서의 섬락전압, 약 50 [kV]
    ③ 유중 섬락전압 : 절연유가 있는 상태에서의 섬락전압, 140 [kV]
    ④ 충격 섬락전압 : 충격파를 가한 상태에서의 섬락전압, 125 [kV]

6 애자련의 효율(연능률)

$\eta = \dfrac{V_n}{nV_1}$ V_n : 애자련의 섬락전압 V_1 : 애자 1개의 섬락전압 n : 애자 개수

03 지지물

전선을 안전하게 지지해 주기 위한 구조물

1 지지물의 종류

(1) 목주 : 나무로 만든 전주
(2) 철근 콘크리트주 : 철근에 콘크리트를 입혀 만든 전주
(3) 철주 : 철근으로 만든 전주
(4) 철탑 : 철골이나 철주를 소재로 한 송전선의 지지물

2 철탑의 종류

(1) 직선형(A형) : **수평각도 3° 이하**인 직선 전선로 부분에 채용

(2) 각도형 : 수평각도 3°를 초과하는 부분에 채용
   ① B형 : 수평각도 3°를 초과하는 부분에 채용
   ② C형 : 수평각도 20°를 초과하는 부분에 채용

(3) 인류형(D형) : 수평각도 60°까지 되는 경우 적용, **끝부분에 시설**

(4) 보강형 : 전선로 직선 부분을 보강할 경우 채용, 철탑 5기마다 보강을 위해 설치

(5) 내장형(E형) : 10기 이하마다 1기 비율로 첨가(**경간 차가 큰 곳**)

예제 07

전선로의 지지물 양쪽의 경간의 차가 큰 장소에 사용되며, 일명 E형 철탑이라고도 하는 표준 철탑의 일종은?

① 직선형 철탑　　　　　　② 내장형 철탑
③ 각도형 철탑　　　　　　④ 인류형 철탑

해설 내장 철탑(E 철탑)
   전선로 양쪽 경간의 차가 큰 부분에 설치

정답 ②

---

3 지선

(1) 정의 : 지지물 강도 보강 및 전선로의 안정성을 증대시키는 보조선

(2) 지선의 종류
   ① 보통지선 : 일반적으로 전선을 지지하기 위한 지선
   ② 수평지선 : 토지상황에 따라 보통지선의 시설이 곤란한 경우 사용하는 지선
   ③ 공동지선 : 장력이 거의 같은 경우 수평으로 시설하는 지선
   ④ Y지선 : 장력이 큰 경우 시설하는 지선
   ⑤ 궁지선 : 장력이 비교적 작고 공사상 부득이한 경우 시설하는 지선

CHAPTER 02 선로정수 및 코로나

01 선로정수

1 선로의 4가지 정수

(1) 저항(R), 인덕턴스(L), 정전용량(C) 및 누설 컨덕턴스(G)

(2) 전선 종류·굵기·배치에 따라 정해지고, 전압·주파수·전류·역률 등에는 영향을 받지 않음

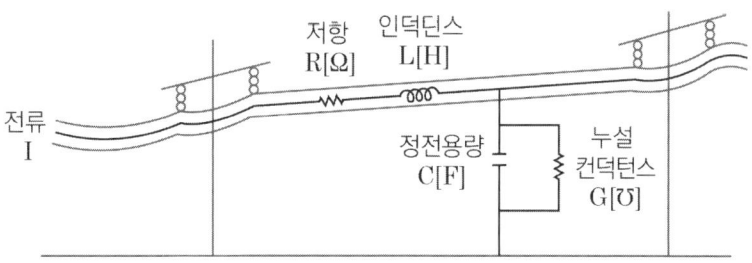

2 저항 R [Ω]

(1) 정의 : 전하의 흐름을 방해하는 정도

(2) 저항 계산

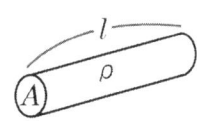

$$R = \rho \frac{l}{A} \ [\Omega]$$

ρ : 저항률 [Ω·m]   A : 단면적 [m²] l : 선로길이 [m]

3 인덕턴스 L [H]

(1) 정의 : 전선에 전류가 흐르면 자속(ϕ)이 발생하며, 이 자속에 의해 전류 흐름을 방해하는 역기전력을 발생시키는 성분

(2) 인덕턴스 계산

① 도체의 작용 인덕턴스

$$L = 0.05 + 0.4605 \log_{10} \frac{D}{r} \ [mH/km]$$

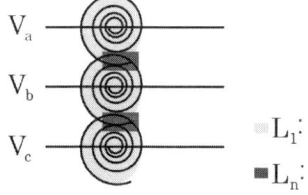

L_1 : 자기 인덕턴스
L_n : 상호 인덕턴스

D : 등가선간거리 r : 전선의 반지름

② 대지 귀로 자기 인덕턴스

$$L = 0.1 + 0.4605 \log_{10} \frac{2H}{r} [mH/km]$$

H : 등가 대지면의 깊이

예제 01

가공 왕복선 배치에 지름이 d [m]이고 선간거리가 D [m]인 선로 한 가닥의 작용 인덕턴스는 몇 [mH/km]인가? (단, 선로의 투자율은 1이라 한다)

① 직선형 철탑
② 내장형 철탑
③ 각도형 철탑
④ 인류형 철탑

해설 작용 인덕턴스 계산

$$\text{인덕턴스 } L = 0.05 + 0.4605 \log_{10} \frac{D}{r} = 0.05 + 0.4605 \log_{10} \frac{D}{\frac{d}{2}}$$

$$= 0.05 + 0.4605 \log_{10} \frac{2D}{d} [mH/km]$$

정답 ④

예제 02

송배전선로에서 도체의 굵기는 같게 하고 도체 간의 간격을 크게 하면 도체의 인덕턴스는?

① 커진다.
② 작아진다.
③ 변함이 없다.
④ 도체의 굵기 및 도체 간의 간격과는 무관하다.

해설 도체 간 간격과 인덕턴스의 관계

$$\text{인덕턴스 } L = 0.05 + 0.4605 \log_{10} \frac{D}{r}$$

∴ 선간거리(D) 증가 시 인덕턴스 증가

정답 ①

4 정전용량 C(F)

(1) 정의 : 도체 간 전위차가 나타날 때 전하를 축적하는 능력

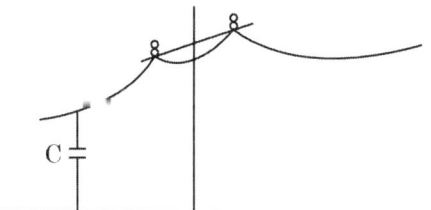

(2) 정전용량 계산

① 1선당 작용정전용량

- 단도체

$$C = \frac{0.02413}{\log_{10}\frac{D}{r}}[\mu F/km] \quad D : 등가선간거리 \quad r : 전선의 반지름$$

② 1선당 작용정전용량(부분정전용량)

단상 1회선	3상 1회선
$C = C_s + 2C_m$	$C = C_s + 3C_m$

예제 03

정삼각형 배치의 선간거리가 5 [m]이고, 전선의 지름이 1 [cm]인 3상 가공 송전선의 1선의 정전용량은 약 몇 [μF/km]인가?

① 0.008 ② 0.016 ③ 0.024 ④ 0.032

해설 정전용량(C) 계산

$$정전용량 \ C = \frac{0.02413}{\log_{10}\frac{D}{r}} = \frac{0.02413}{\log_{10}\frac{5}{0.5 \times 10^{-2}}} = 8.04 \times 10^{-3} = 0.008 \times 10^{-6} = 0.008[\mu F/km]$$

정답 ①

예제 04

3상 3선식 송전선로에서 각 선의 대지정전용량이 0.5096 [μF]이고, 선간정전용량이 0.1295 [μF]일 때 1선의 작용정전용량은 약 몇 [μF]인가?

① 0.6 ② 0.9 ③ 1.2 ④ 1.8

해설 작용정전용량 계산

$C = C_s + 3C_m = 0.5096 + 3 \times 0.1295 ≒ 0.9$ [μF] C_s : 대지정전용량 C_m : 선간정전용량

정답 ②

5 선로정수를 이용한 등가선간거리(Dav) 계산

(1) 등가선간거리의 정의 : 전선 사이의 기하학적 평균거리를 계산한 것

(2) 등가선간거리 계산

$$D_{av} = \sqrt[n]{D_1 \times D_2 \times D_3 \times ..... \times D_n} \text{ [m]}$$

(3) 배열별 등가선간거리 계산 [m]

직선 배열	정삼각형 배열	정사각형 배열
$D_1 = \sqrt[3]{D \times D \times 2D}$ $= \sqrt[3]{2}\,D$	$D_2 = \sqrt[3]{D \times D \times D}$ $= D$	$D_3 = \sqrt[6]{D \times D \times D \times D \times \sqrt{2}\,D \times \sqrt{2}\,D}$ $= \sqrt[6]{2}\,D$

예제 05

3상 3선식 송전선로의 선간거리가 각각 50 [cm], 60 [cm], 70 [cm]인 경우 기하학적 평균 선간거리는 약 몇 [cm]인가?

① 50.4
② 59.4
③ 62.8
④ 64.8

해설 등가선간거리 계산

등가선간거리 $D = \sqrt[3]{D \times D \times D} = \sqrt[3]{50 \times 60 \times 70} ≒ 59.4\,[cm]$

정답 ②

02 복도체, 연가

1 복도체(다도체)

(1) 등가반지름 R_e [m]
  ① 복도체 내 2개 이상 가닥을 하나의 전선으로 보았을 때의 반지름
  ② 등가반지름 $R_e = \sqrt[n]{rs^{n-1}}$ n : 소도체 수 s : 소도체 간격

(2) 다도체에서의 인덕턴스, 정전용량
  ① 다도체에서의 인덕턴스
  $$L = \frac{0.05}{n} + 0.4605 \log_{10} \frac{D}{\sqrt[n]{rs^{n-1}}}\,[mH/km]$$
  n : 소도체 수 s : 소도체 간격

  ② 다도체에서의 정전용량
  $$C = \frac{0.02413}{\log_{10} \dfrac{D}{\sqrt[n]{rs^{n-1}}}}\,[\mu F/km]$$
  n : 소도체 수 s : 소도체 간격

예제 06

3상 3선식 송전선로가 소도체 2개의 복도체 방식으로 되어 있을 때 소도체의 지름 8 [cm], 소도체 간격 36 [cm], 등가선간거리 120 [cm]인 경우에 복도체 1 [km]의 인덕턴스는 약 몇 [mH]인가?

① 0.4855   ② 0.5255   ③ 0.6975   ④ 0.9265

해설 복도체 인덕턴스(L) 계산

$$L = \frac{0.05}{2} + 0.4605 \log_{10} \frac{D}{\sqrt[n]{rs^{n-1}}} = \frac{0.05}{2} + 0.4605 \log_{10} \frac{120}{\sqrt[2]{4 \times 36}} ≒ 0.4855\,[mH/km]$$

정답 ①

예제 07

그림과 같이 반지름 r [m]인 세 개의 도체가 선간거리 D [m]로 수평 배치하였을 때 A도체의 인덕턴스는 몇 [mH/km]인가?

```
A     B     C
○─────○─────○
  |←D→|←D→|
```

① $0.05 + 0.4605\log_{10}\dfrac{D}{r}$ ② $0.05 + 0.4605\log_{10}\dfrac{2D}{r}$

③ $0.05 + 0.4605\log_{10}\dfrac{\sqrt[3]{2}\,D}{r}$ ④ $0.05 + 0.4605\log_{10}\dfrac{\sqrt{2}\,D}{r}$

해설 인덕턴스 계산

- 등가선간거리 $D = \sqrt[3]{D \times D \times 2D} = \sqrt[3]{2}\,D\,[m]$
- A도체 인덕턴스 $L = 0.05 + 0.4605\log_{10}\dfrac{\sqrt[3]{2}\,D}{r}\,[mH/km]$

정답 ③

(3) 가공 및 지중 전선로 인덕턴스, 정전용량 크기 비교

가공선	선간거리(D) 증가	인덕턴스(L) 증가	정전용량(C) 감소
지중선	선간거리(D) 감소	인덕턴스(L) 감소	정전용량(C) 증가

2 단도체와 비교했을 때 다(복)도체

(1) 복도체의 장점

① L 감소, C 증가 → 역률 향상 (각 20 ~ 30 [%]씩)
- 복도체 사용 시 등가반지름(r)이 커지므로 인덕턴스 감소되고, 정전용량 커짐

② 전력손실 감소

③ 송전용량 증가, 안정도 증가

④ 코로나 발생 억제

(2) 복도체의 단점

① 복도체 사이에 같은 방향으로 전류가 흐를 시 흡인력 작용
- 흡인력 대책 : 스페이서 설치

② 페란티효과 → 수전단전압 상승

③ 공사 비용 증가

3 연가 – 전선 위치 바꿈

(1) 정의 : 선로(L)를 3으로 나눈 길이 기준으로 각 상의 위치를 변경시키는 것

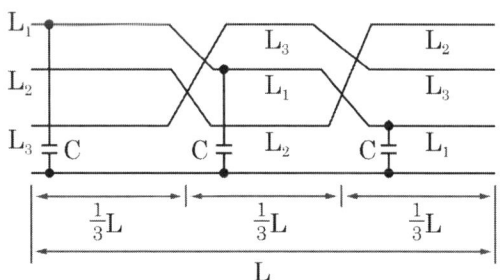

(2) 목적

① **선로정수 평형**

② 유도장해 감소

③ 중성점 잔류전압 감소

④ 직렬공진 방지

03 코로나

1 코로나의 개념

(1) 절연이 부분적으로 파괴되는 현상

(2) 직류 30 [kV/cm], 교류 21 [kV/cm]일 때 공기의 절연내력이 파괴됨

(3) 코로나 손실 발생식

$$P_c = \frac{241}{\delta}(f+25)\sqrt{\frac{d}{2D}}(E-E_0)^2 \times 10^{-5} [kW/km/line]$$

δ (상대공기밀도) : 온도가 낮을수록 좋음

기압이 높을수록 좋음

E : 대지전압 E_0 : 코로나 임계전압

2 코로나 임계전압

(1) 코로나가 발생하기 시작하는 최저한도 전압

(2) 코로나 임계전압 E_0

$$E_0 = 24.3\,m_0\,m_1\,\delta\,d\log_{10}\frac{D}{r}[kV]$$

m_0 : 전선표면계수　m_1 : 기상(날씨)계수

δ : 상대공기밀도 $= \dfrac{0.386b}{273+t}$

d : 전선 직경

3 코로나 발생 시 현상

(1) 발생 시 현상
　① 전선 부식
　② 전력손실
　③ 전파 장해

(2) 코로나 방지 대책
　① 굵은 전선을 사용
　② 전선의 바깥 지름을 크게 함
　③ 가선금구를 개량

예제 08

송전선로의 코로나 방지에 가장 효과적인 방법은?

① 전선의 높이를 가급적 낮게 한다.
② 코로나 임계전압을 낮게 한다.
③ 선로의 절연을 강화한다.
④ 복도체를 사용한다.

해설 복도체 사용 목적

- 코로나 임계전압(E_0) 계산식 : $E_0 = 24.3\,m_o m_1 \delta\,d\,\log_{10}\dfrac{D}{r}[kV]$
- 복도체 사용 시 도체직경(d) 증가로 E_0가 상승하여 코로나 발생을 억제함

암기 복코

정답 ④

예제 09

초고압 송전선로에 단도체 대신 복도체를 사용할 경우 틀린 것은?

① 전선의 작용 인덕턴스를 감소시킨다.
② 선로의 작용정전용량을 증가시킨다.
③ 전선 표면의 전위 경도를 저감시킨다.
④ 전선의 코로나 임계전압을 저감시킨다.

해설 복도체 사용 목적

- 코로나 임계전압(E_0) 계산식 : $E_0 = 24.3\, m_o m_1 \delta\ d\ \log_{10} \dfrac{D}{r}\,[kV]$
- 복도체 사용 시 도체직경(d) 증가로 E_0가 상승하여 코로나 발생을 억제함

암 복코

정답 ④

CHAPTER 03 송전 특성

01 거리별 선로정수 및 회로

구분	거리	선로정수	회로
단거리	수 [km]	R, L만 고려	집중정수회로
중거리	수십 [km]	R, L, C만 고려	T회로, π회로
장거리	수백 [km]	R, L, C, G 고려	분포정수회로

예제 01

송전선로의 송전 특성이 아닌 것은?

① 단거리 송전선로에서는 누설 컨덕턴스, 정전용량을 무시해도 된다.
② 중거리 송전선로는 T회로, π회로 해석을 사용한다.
③ 100 [km]가 넘는 송전선로는 근사 계산식을 사용한다.
④ 장거리 송전선로의 해석은 특성임피던스와 전파정수를 사용한다.

해설 송전선로의 특성

장거리 송전선로(100 [km] 이상) : 분포정수회로

정답 ③

예제 02

중거리 송전선로의 특성은 무슨 회로로 다루어야 하는가?

① RL 집중정수회로
② RLC 집중정수회로
③ 분포정수회로
④ 특성임피던스회로

해설 중거리 송전선로의 특성

중거리 송전선로 : RLC 집중정수회로

정답 ②

02 단거리 송전선로

저항(R)·인덕턴스(L)만 고려하고, 집중정수회로로 취급

1 전압강하 $e = E_s - E_r$

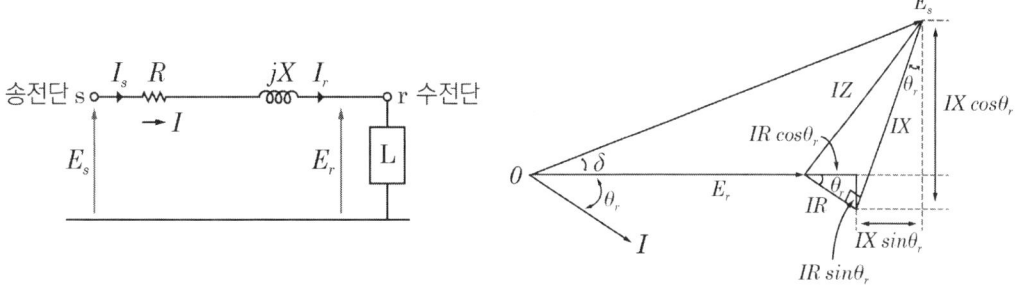

구분	계산식
단상 송전단	$I(R\cos\theta + X\sin\theta)\,[V]$
3상 송전단	$\sqrt{3}\,I(R\cos\theta + X\sin\theta)\,[V]$
단상, 3상(공통)	$\dfrac{P}{V}(R + X\tan\theta)\,[V]$

2 전압 강하율(ε)

수전단전압에 대한 전압강하의 백분율 비

$$\varepsilon = \frac{\text{전압강하}}{\text{수전단 전압}} \times 100\,[\%] = \frac{\text{송전단 전압} - \text{수전단 전압}}{\text{수전단 전압}} \times 100\,[\%]$$

$$= \frac{e}{V_r} \times 100 = \frac{V_s - V_r}{V_r} \times 100\,[\%] = \frac{\sqrt{3}\,I(R\cos\theta + X\sin\theta)}{V} \times 100\,[\%]$$

$$= \frac{P}{V^2}(R + X\tan\theta) \times 100\,[\%]$$

예제 03

그림과 같은 수전단전압 3.3 [kV], 역률 0.85(뒤짐)인 부하 300 [kW]에 공급하는 선로가 있다. 이 때 송전단전압은 약 몇 [V]인가?

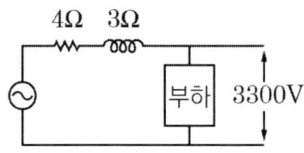

① 3430   ② 3530   ③ 3730   ④ 3830

해설 송전단전압 (E_s) 계산

$$E_s = E_r + I(R\cos\theta + X\sin\theta) = E_r + \frac{P}{E_r \cos\theta}(R\cos\theta + X\sin\theta)$$

$$= 3,300 + \frac{300 \times 10^3}{3,300 \times 0.85} \times (4 \times 0.85 + 3 \times \sqrt{1-0.85^2}) \fallingdotseq 3,830\,[V]$$

정답 ④

예제 04

3상계통에서 수전단전압 60 [kV], 전류 250 [A], 선로의 저항 및 리액턴스가 각각 7.61 [Ω], 11.85 [Ω]일 때 전압강하율은? (단, 부하역률은 0.8(늦음)이다)

① 약 5.50 [%]   ② 약 7.34 [%]
③ 약 8.69 [%]   ④ 약 9.52 [%]

해설 전압강하율 (ε) 계산

- $e = \sqrt{3}\,I(R\cos\theta + X\sin) = \sqrt{3} \times 250(7.61 \times 0.8 + 11.85 \times 0.6) = 5715\,[V]$
- $\varepsilon = \dfrac{e}{V_r} \times 100[\%] = \dfrac{5715}{60000} \times 100 = 9.52\,[\%]$

정답 ④

예제 05

3상 3선식 가공전선로에서 한 선의 저항은 15 [Ω], 리액턴스는 20 [Ω]이고, 수전단 선간전압은 30 [kV], 부하역률은 0.8(뒤짐)이다. 전압강하율을 10 [%]라 하면, 이 송전선로는 몇 [kW]까지 수전할 수 있는가?

① 2500   ② 3000   ③ 3500   ④ 4000

> **해설** 송전전력 (P) 계산
>
> - $\varepsilon = \dfrac{P}{V^2}(R+\tan\theta)$ ε : 전압강하율
>
> - $0.1 = \dfrac{P}{(30\times 10^3)^2} \times (15+20\times \dfrac{0.6}{0.8})$
>
> $\therefore P = 3000000\,[W] = 3000\,[kW]$
>
> 정답 ②

03 중거리 송전선로

저항(R), 인덕턴스(L), 정전용량(C)만 고려하고 T형, π형 회로로 해석

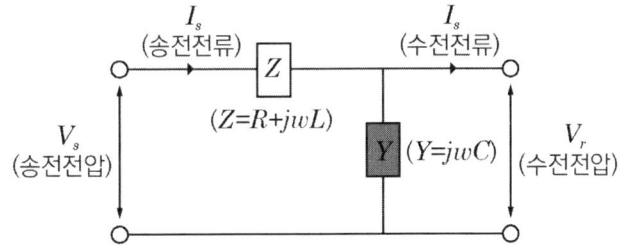

1 4단자 정수

(1) 행렬식에 의한 4단자 정수

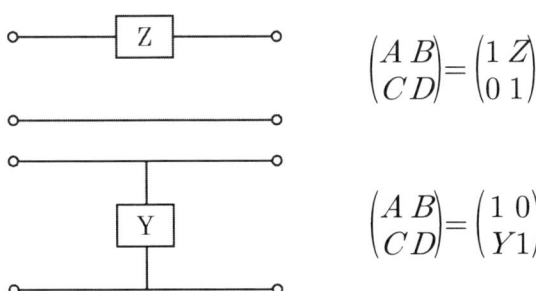

$\begin{pmatrix} A & B \\ C & D \end{pmatrix} = \begin{pmatrix} 1 & Z \\ 0 & 1 \end{pmatrix}$

$\begin{pmatrix} A & B \\ C & D \end{pmatrix} = \begin{pmatrix} 1 & 0 \\ Y & 1 \end{pmatrix}$

(2) 4단자 정수

① 송전단전압 : $E_s = AE_r + BI_r$

② 송전단전류 : $I_s = CE_r + DI_r$

③ 일반식 : $AD - BC = 1$

2 무부하 충전전류(무부하 시 $I_r = 0$)

(1) $E_s = AE_r + BI_r$ $E_r = \dfrac{E_s}{A}$

(2) $I_s = CE_r + DI_r$ $I_s = CE_r = \dfrac{C}{A}E_s$

3 병렬 접속 시 선로정수

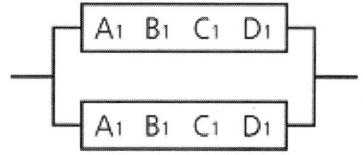

(1) $A = A_1, D = D_1$
(2) $B = \dfrac{1}{2}B_1$
(3) $C = 2C_1$

예제 06

송전선로의 일반회로 정수가 A = 0.7, B = j190, D = 0.9일 때 C의 값은?

① $-j1.95 \times 10^{-3}$ ② $j1.95 \times 10^{-3}$
③ $-j1.95 \times 10^{-4}$ ④ $j1.95 \times 10^{-4}$

해설 어드미턴스(C) 계산

$AD - BC = 1, \quad C = \dfrac{AD-1}{B}$ $\therefore C = \dfrac{0.7 \times 0.9 - 1}{j190} = j1.95 \times 10^{-3}$

정답 ②

예제 07

4단자 정수 A = D = 0.8, B = j1.0인 3상 송전선로에 송전단전압 160 [kV]를 인가할 때 무부하 시 수전단전압은 몇 [kV]인가?

① 154   ② 164   ③ 180   ④ 200

해설 수전단 선간전압 (E_r) 계산

- $E_s = AE_r + BI_r$
- 무부하 시 $I_r = 0$, $E_r = \dfrac{E_s}{A}$

$$\therefore E_r = \dfrac{160}{0.8} = 200\,[kV]$$

정답 ④

예제 08

그림과 같은 정수가 서로 같은 평행 2회선 송전선로의 4단자 정수 중 B에 해당되는 것은?

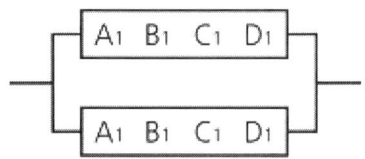

① $4B_1$　　② $2B_1$　　③ $\dfrac{1}{2}B_1$　　④ $\dfrac{1}{4}B_1$

해설 4단자 정수

병렬연결 시 임피던스 $= \dfrac{1}{2}B_1$

정답 ③

4 중거리 송전선로 T형, π형 회로

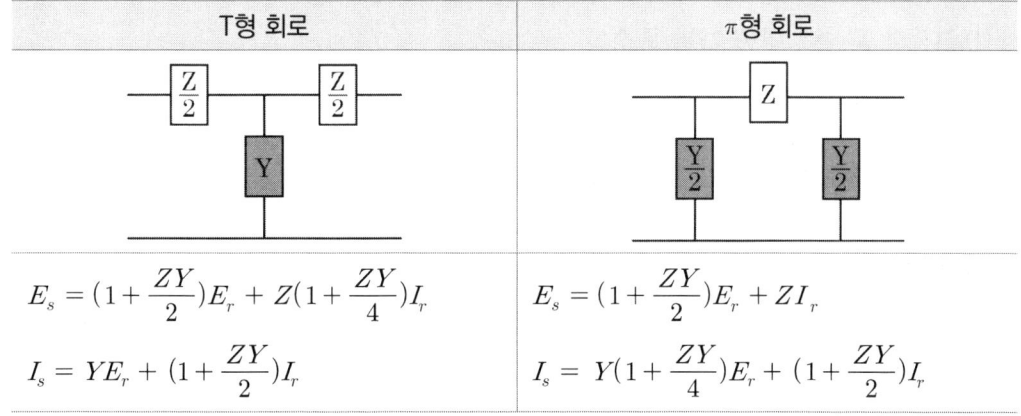

T형 회로	π형 회로
$E_s = (1 + \dfrac{ZY}{2})E_r + Z(1 + \dfrac{ZY}{4})I_r$ $I_s = YE_r + (1 + \dfrac{ZY}{2})I_r$	$E_s = (1 + \dfrac{ZY}{2})E_r + ZI_r$ $I_s = Y(1 + \dfrac{ZY}{4})E_r + (1 + \dfrac{ZY}{2})I_r$

TIP A(= 전압 이득), D(= 전류 이득)는 불변값

04 장거리 송전선로

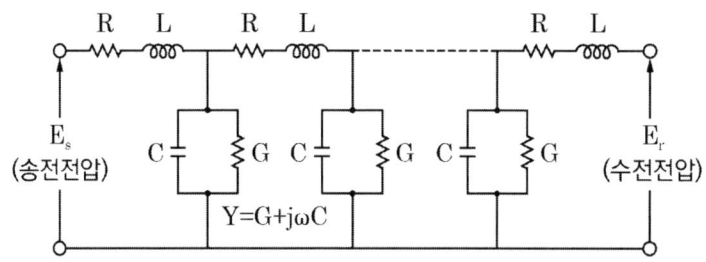

1 4단자 정수

(1) $\dot{A} = \cosh\dot{\gamma}\ell = \cosh\sqrt{ZY}$

(2) $\dot{B} = \dot{Z_0}\sinh\dot{\gamma}\ell = \sqrt{\dfrac{Z}{Y}}\sinh\sqrt{ZY}$

(3) $\dot{C} = \dfrac{1}{\dot{Z_0}}\sinh\dot{\gamma}\ell = \sqrt{\dfrac{Y}{Z}}\sinh\sqrt{ZY}$

(4) $\dot{D} = \cosh\dot{\gamma}\ell = \cosh\sqrt{ZY}$

2 특성임피던스(Z_0)

(1) 송전선을 이동하는 진행파에 대한 전압과 전류의 비

(2) $Z_0 = \sqrt{\dfrac{Z}{Y}} = \sqrt{\dfrac{R+j\omega L}{G+j\omega C}}\ [\Omega]$

(3) 무손실 선로의 경우 R, G가 0 이므로 $Z_0 = \sqrt{\dfrac{L}{C}}\ [\Omega]$가 됨

3 전파정수(γ)

(1) 진폭과 위상이 변해 가는 특성

(2) $\gamma = \sqrt{ZY} = \sqrt{(R+j\omega L)(G+j\omega C)} = \alpha + j\beta$

(3) 무손실 선로의 경우 R, G가 0이므로 $\gamma = j\omega\sqrt{LC}$가 됨

4 전파속도

$v = \dfrac{1}{\sqrt{LC}}$

5 특성임피던스(Z_0)를 이용한 인덕턴스 및 정전용량 계산

(1) $Z_0 = \sqrt{\dfrac{Z}{Y}} = \sqrt{\dfrac{R+j\omega L}{G+j\omega C}} \fallingdotseq \sqrt{\dfrac{L}{C}} = \sqrt{\dfrac{0.4605\log_{10}\dfrac{D}{r} \times 10^{-3}}{\dfrac{0.02413}{\log_{10}\dfrac{D}{r}} \times 10^{-6}}} = 138\log_{10}\dfrac{D}{r}$

(2) $L \fallingdotseq 0.4605\log_{10}\dfrac{D}{r} = 0.4605\dfrac{Z_0}{138}\,[mH/km]$

(3) $C \fallingdotseq \dfrac{0.02413}{\log_{10}\dfrac{D}{r}} = \dfrac{0.02413}{\dfrac{Z_0}{138}}\,[\mu F/km]$

예제 09

어떤 가공선의 인덕턴스가 1.6 [mH/km]이고, 정전용량이 0.008 [μF/km]일 때 특성임피던스는 약 몇 [Ω]인가?

① 128   ② 224   ③ 345   ④ 447

해설 특성임피던스 계산

특성임피던스 $Z_0 = \sqrt{\dfrac{Z}{Y}} = \sqrt{\dfrac{R+j\omega L}{G+j\omega C}} = \sqrt{\dfrac{L}{C}} = \sqrt{\dfrac{1.6 \times 10^{-3}}{0.008 \times 10^{-6}}} \fallingdotseq 447\,[\Omega]$

정답 ④

예제 10

파동임피던스가 300 [Ω]인 가공송전선 1 [km]당의 인덕턴스는 몇 [mH/km]인가? (단, 저항과 누설컨덕턴스는 무시한다)

① 0.5   ② 1   ③ 1.5   ④ 2

해설 특성임피던스(Z_0) 인덕턴스 계산식

- $\log_{10}\dfrac{D}{r} = \dfrac{Z_0}{138}$, $L = 0.4605 \times \dfrac{Z_0}{138}$

- 인덕턴스 $L = 0.4605 \times \dfrac{300}{138} \fallingdotseq 1\,[mH/km]$

정답 ②

예제 11

송전선의 특성임피던스를 Z_0, 전파속도를 V라 할 때 이 송전선의 단위길이에 대한 인덕턴스 L은?

① $L = \dfrac{V}{Z_0}$ ② $L = \dfrac{Z_0}{V}$ ③ $L = \dfrac{Z_0^2}{V}$ ④ $L = \dfrac{V}{Z_0}$

해설 인덕턴스(L) 계산

- 파동임피던스 $Z_0 = \sqrt{\dfrac{L}{C}}$

- 전파속도 $V = \sqrt{\dfrac{1}{LC}}$

$$\therefore \dfrac{Z_0}{V} = \sqrt{\dfrac{\dfrac{L}{C}}{\dfrac{1}{LC}}} = L$$

정답 ②

CHAPTER 04 | 조상설비 및 전력원선도

01 조상설비

- 송전선을 일정 전압으로 운전하기 위해 필요한 무효전력을 공급하는 장치
- 조상설비 종류 : 동기 조상기, 전력용 콘덴서, 분로리액터 등

1 역률 개선 시 장점

전력손실 감소	$P_l = I^2 R = (\dfrac{P}{V\cos\theta})^2 \times R = \dfrac{PR}{V^2 \cos\theta^2}$
전압강하 감소	$e = \dfrac{P}{V}(R + X\tan\theta), \quad \tan\theta(=\dfrac{\sin\theta}{\cos\theta})$
변압기 용량 감소	변압기 용량$(P_a) = \dfrac{P}{\cos\theta}\,[kVA]$
수전설비 여유 증가	설비용량을 더 늘리지 않고도 부하증설이 가능하다
전기요금 감소	평균역률 90 [%] 초과 시 역률 95 [%]까지 초과하는 매 1 [%]당 0.2 [%] 감액 (전력회사 고지서 中)

예제 01

조상설비가 아닌 것은?

① 단권 변압기　　　② 분로리액터
③ 동기조상기　　　④ 전력용 콘덴서

해설 조상설비의 종류

　조상설비 : 무효전력을 조정하여 전압조정, 역률 개선을 한다.
　분로리액터(병렬리액터), 전력용 콘덴서, 동기조상기는 조상설비다.

정답 ①

예제 02

배전계통에서 전력용 콘덴서를 설치하는 목적으로 가장 타당한 것은?

① 배전선의 전력손실 감소 ② 전압강하 증대
③ 고장 시 영상전류 감소 ④ 변압기 여유율 감소

해설 전력용 콘덴서 설치 목적

역률 개선으로 인한 전력손실 감소

정답 ①

예제 03

전력계통의 전압 조정을 위한 방법으로 적당한 것은?

① 계통에 콘덴서 또는 병렬리액터 투입
② 발전기의 유효전력 조정
③ 부하의 유효전력 감소
④ 계통의 주파수 조정

해설 전력계통의 전압 조정(무효전력)

- 계통 전압 낮을 시 : 전력용 콘덴서
- 계통 전압 높을 시 : 분로리액터

정답 ①

2 전력용 콘덴서(병렬 콘덴서, SC)

부하와 병렬로 접속하여 진상전류를 얻으며 부하 역률을 개선함

(1) 원리 및 콘덴서 용량(Q_c)

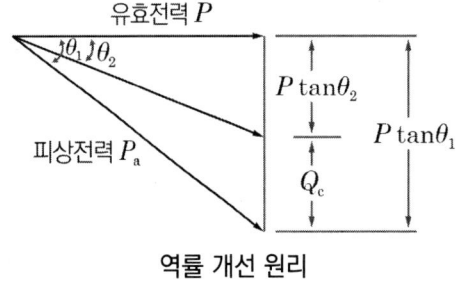

역률 개선 원리

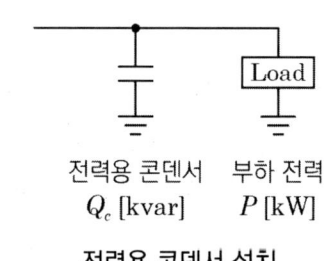

전력용 콘덴서 설치

$$Q_c = P(\tan\theta_1 - \tan\theta_2) = P(\frac{\sin\theta_1}{\cos\theta_1} - \frac{\sin\theta_2}{\cos\theta_2}) = P(\frac{\sqrt{1-\cos^2\theta_1}}{\cos\theta_1} - \frac{\sqrt{1-\cos^2\theta_2}}{\cos\theta_2})$$

예제 04

3000 [kW], 역률 75 [%](늦음)의 부하에 전력을 공급하고 있는 변전소에 콘덴서를 설치하여 역률을 93[%]로 향상시키고자 한다. 필요한 전력용 콘덴서의 용량은 약 몇 [kVA]인가?

① 1460   ② 1540   ③ 1620   ④ 1730

해설 전력용 콘덴서 용량

$$Q_c = P(\frac{\sqrt{1-\cos^2\theta_1}}{\cos\theta_1} - \frac{\sqrt{1-\cos^2\theta_2}}{\cos\theta_2}) = 3,000(\frac{\sqrt{1-0.75^2}}{0.75} - \frac{\sqrt{1-0.93^2}}{0.93}) \fallingdotseq 1,460[kVA]$$

정답 ①

예제 05

역률 0.8인 부하 480 [kW]를 공급하는 변전소에 전력용 콘덴서 220 [kVA]를 설치하면 역률은 몇 [%]로 개선할 수 있는가?

① 92   ② 94   ③ 96   ④ 99

해설 역률($\cos\theta$) 계산 [%]

- 콘덴서 설치 전 무효전력(X_1) $X_1 = P \times \tan\theta = 480 \times \frac{0.6}{0.8} = 360\,[kVar]$
- 콘덴서 (X_3) 설치 후 무효전력 (X_2) $X_2 = X_1 - X_3 = 360 - 220 = 140\,[kVar]$

$$\therefore \cos\theta = \frac{P}{P_a} = \frac{480}{\sqrt{480^2 + 140^2}} = 0.96$$

정답 ③

(2) 전력용 콘덴서 구조

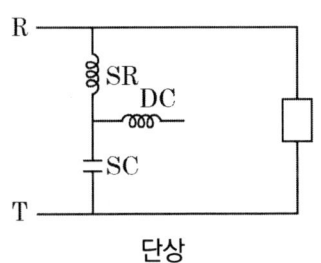

단상

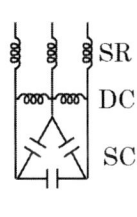

3상

(3) 충전전류 및 충전용량

① 충전전류(I_c)

$$I_c = \omega CE\ell = 2\pi f C \frac{V}{\sqrt{3}} \ell \ [A]$$

$C = C_0 + 3C_m$, $E(\text{대지전압}) = \dfrac{V(\text{선간전압})}{\sqrt{3}}$

ℓ : 거리

② 3상 충전용량(Q_C)

$$Q_c = 3EI_c = 3\omega CE^2 = 3\omega C\left(\frac{V}{\sqrt{3}}\right)^2 = \omega CV^2$$

(4) 전력용 콘덴서 결선에 따른 충전용량 ($Q_\triangle = 3Q_Y$, $Q_Y = \dfrac{1}{3}Q_\triangle$)

같은 용량의 콘덴서로 3배의 충전용량을 만들 수가 있으므로 3상 연결 시 콘덴서는 △ 결선으로 결선

△결선	Y결선
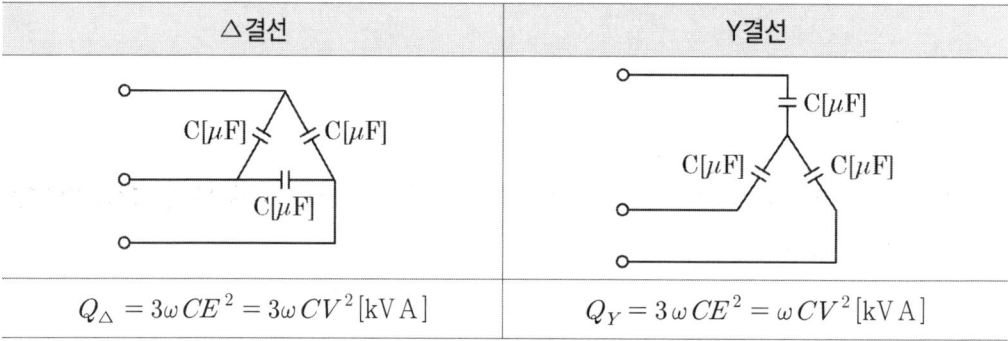	
$Q_\triangle = 3\omega CE^2 = 3\omega CV^2 \ [\text{kVA}]$	$Q_Y = 3\omega CE^2 = \omega CV^2 \ [\text{kVA}]$

예제 06

정전용량 0.01 [μF/km], 길이 173.2 [km], 선간전압 60 [kV], 주파수 60 [Hz]인 3상 송전선로의 충전전류는 약 몇 [A]인가?

① 6.3 ② 12.5 ③ 22.6 ④ 37.2

해설 충전전류(I_c) 계산

$$I_c = \frac{E}{\dfrac{1}{\omega C}} = \omega CE \times l = 2 \times \pi \times 60 \times 0.01 \times 10^{-6} \times \frac{60 \times 10^3}{\sqrt{3}} \times 173.2 \fallingdotseq 22.6 \ [A]$$

TIP
- 문제에 주어진 전압은 선간전압
- 충충전류 계산 시 대지전압(E)으로 변환
  대지전압(E) = 선간전압 ÷ $\sqrt{3}$

정답 ③

예제 07

주파수 60 [Hz], 정전용량 $\frac{1}{6\pi}$ [μF]의 콘덴서를 △결선해서 3상 전압 20000 [V]를 가했을 때의 충전용량은 몇 [kVA]인가?

① 12   ② 24   ③ 48   ④ 50

해설 △결선 시 콘덴서의 충전용량 ($Q_\triangle$) 계산

$$Q_\triangle = 3\omega CE^2 = 3 \times 2\pi \times 60 \times \frac{1}{6\pi} \times 10^{-6} \times 20000^2 = 24000 = 24 \times 10^3 = 24\,[kVA]$$

정답 ②

3 방전코일(DC)

(1) 콘덴서에 축적된 잔류전하를 방전하여 감전사고를 방지

(2) 선로에 재투입 시 콘덴서에 걸리는 과전압을 방지

4 직렬리액터(SR)

역할	리액터 용량 ($\omega L = 1/\omega C$, 고조파를 없앰)	실제용량
제3고조파 제거	$3\omega_0 L = \frac{1}{3\omega_0 C}$ ➡ $\omega_0 L = \frac{1}{9} \times \frac{1}{\omega_0 C}$ ➡ $0.11\frac{1}{\omega_0 C}$ (이론상으로 전력용 콘덴서의 11 [%]의 용량이 필요)	실제로는 13 [%] 여유 필요
제5고조파 제거	$5\omega_0 L = \frac{1}{5\omega_0 C}$ ➡ $\omega_0 L = \frac{1}{25} \times \frac{1}{\omega_0 C}$ ➡ $0.04\frac{1}{\omega_0 C}$ (이론상으로 전력용 콘덴서의 4 [%]의 용량이 필요)	실제로는 5 ~ 6 [%] 여유 필요

5 직렬 콘덴서

(1) 전압강하를 보상하기 위하여 부하와 직렬로 접속하는 콘덴서

(2) 선로의 인덕턴스를 보상하여 정태안정도를 증가시킴

(3) 계통 역률을 개선시킬 정도의 큰 용량은 되지 못함

예제 08

직렬 콘덴서를 선로에 삽입할 때의 장점이 아닌 것은?

① 역률을 개선한다.
② 정태안정도를 증가한다.
③ 선로의 인덕턴스를 보상한다.
④ 수전단의 전압 변동률을 줄인다.

해설 직렬 콘덴서 설치 목적

- 전압강하 보상을 위해 부하와 직렬접속
- 선로의 인덕턴스를 보상하여 정태안정도 증가시킴
- 계통 역률을 개선 정도의 큰 용량은 되지 못함

정답 ①

6 리액터와 콘덴서

(1) 리액터 종류

리액터 종류	역할
분로리액터(병렬리액터)	페란티현상 방지
직렬리액터	제5고조파 제거
한류리액터	단락전류 제한 암 파 한단
소호리액터	지락 아크 소호

(2) 콘덴서 종류

콘덴서 종류	역할
직렬 콘덴서	전압강하 보상
전력용 콘덴서 (병렬 콘덴서)	역률 개선

7 동기조상기

계자전류를 변화시켜 진상·지상전류를 공급함으로써 역률을 개선

(1) 계자전류 : 발전기, 전동기, 변압기 등 코일에서 자기력선을 발생시키는 전류

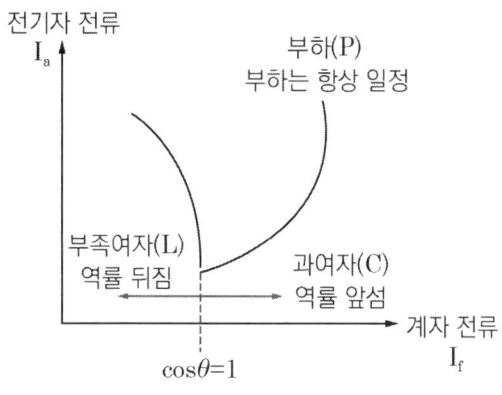

동기 조상기 V곡선

① 계자전류(I_f) 증가 : 진상전류(과여자 운전 시 콘덴서 작용, 앞선 역률)

② 계자전류(I_f) 감소 : 지상전류(부족여자 운전 시 리액터 작용, 뒤진 역률)

(2) 동기 조상기 및 전력용 콘덴서 비교

구분	동기조상기	전력용 콘덴서
시충전	가능	불가능
전력손실	크다	작다
무효전력 조정	연속적	계단적
무효전력	진상·지상용	진상용

02 전력원선도

정전압 송전 방식에서 원의 반지름($\rho = \dfrac{V_s V_r}{B}$)이 일정하고 송·수전 전력은 언제나 원선도의 원주상에 존재하므로 그 크기를 알 수 있음

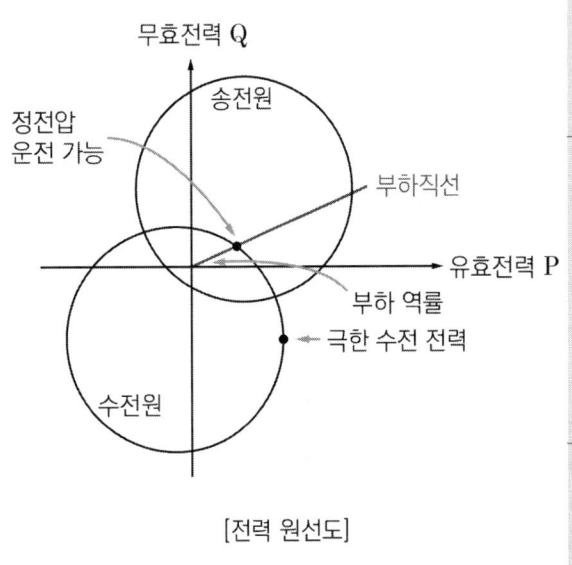

[전력 원선도]

원의 반지름 (ρ)	$\rho = \dfrac{V_s V_r}{B}$ V_s : 송전단전압 V_r : 수전단전압 B : 임피던스
알 수 있는 것	• 세로축 : 무효전력 • 가로축 : 유효전력 암 세무가유 • 송·수전단전압 간 상차각 • 송·수전할 수 있는 최대전력 • 선로 손실과 송전효율 • 수전단 역률 • 조상용량
알 수 없는 것	• 코로나 손실 • 과도 극한 안정 전력 • 송전단 역률

예제 09

수전단의 전력원 방정식이 $P_r^2 + (Q_r + 400)^2 = 250000$으로 표현되는 전력계통에서 가능한 최대로 공급할 수 있는 부하전력 P_r과 이때 전압을 일정하게 유지하는 데 필요한 무효전력 Q_r은 각각 얼마인가?

① $P_r = 500$, $Q_r = -400$ ② $P_r = 400$, $Q_r = 500$
③ $P_r = 300$, $Q_r = 100$ ④ $P_r = 200$, $Q_r = -300$

해설 최대공급전력 조건(무효전력 = 0)

$Q_r = -400$, $P_r = 500$

정답 ①

예제 10

수전단의 전력원 방정식이 $P_r^2+(Q_r+400)^2 = 250000$으로 표현되는 전력계통에서 조상설비 없이 전압을 일정하게 유지하면서 공급할 수 있는 부하전력은? (단, 부하는 무유도성이다)

① 200 ② 250 ③ 300 ④ 350

해설 전력원선도 전력 계산

조상설비가 없으므로 $Q_r = 0$ $300^2 + 400^2 = 500^2$ ∴ $P_r = 300$

정답 ③

03 송전용량

송전선로로 보낼 수 있는 최대 전력을 의미

1 송전용량 계산법

Still의 식 (경제적인 송전전압)	$V=5.5\sqrt{0.6\ell + \dfrac{P}{100}}\,[kV]$	ℓ : 송전거리 P : 전력
송전전력	$P=\dfrac{V_s V_r}{X}sin\delta\,[MW]$	V_s : 송전단전압, V_r : 수전단전압 δ : 상차각
송전용량 계수법	$P=K\dfrac{V_r^2}{\ell}\,[kW]$	K : 송전용량계수 ℓ : 전송 거리

2 페란티현상

(1) 수전단전압이 송전단전압보다 높아지는 현상

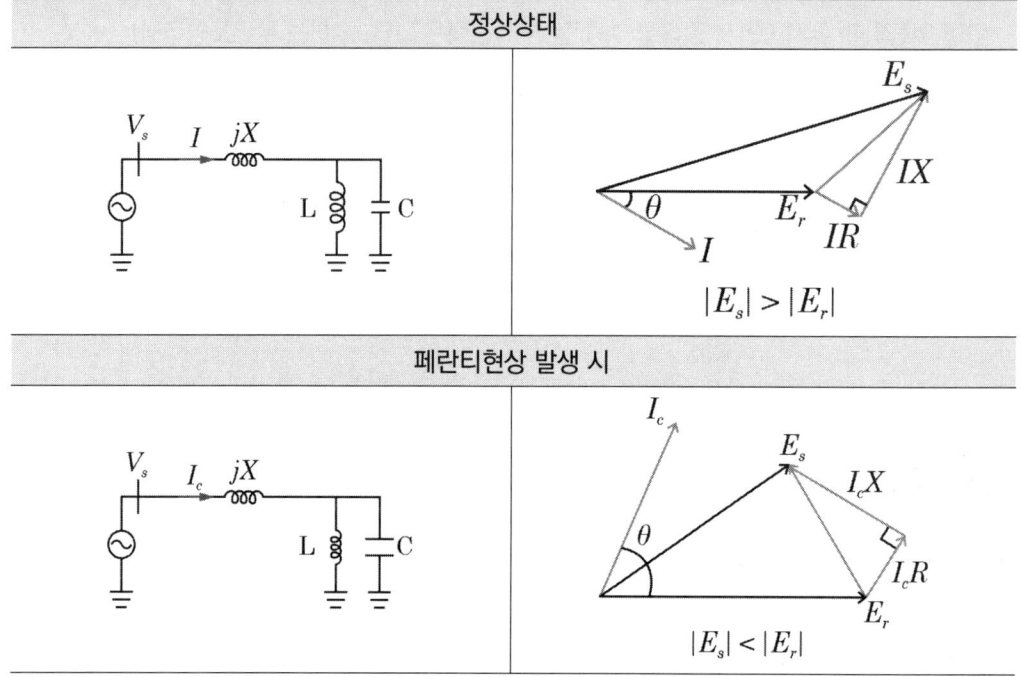

(2) 원인

① 부하 기동 시 인덕턴스(L) 성분은 증가하고, 부하 사용이 적을 시 인덕턴스(L)는 감소
  • 장거리 선로에서 부하 사용이 작아진 상태
  • 무부하 상태일 경우
  • 심야 시간 때 부하 사용이 작을 경우

② 인덕턴스(L) 성분이 낮아지고, 정전용량(C)의 영향이 커짐

③ 정전용량(C) 증가 시, 전압보다 앞선 전류가 흐르게 되어 송전단전압보다 수전단전압이 높아짐

(3) 대책 : 진상전류를 지상전류가 되도록 함

① 수전단 분로리액터 설치

② 동기조상기 부족여자운전

예제 11

송전단전압 161 [kV], 수전단전압 155 [kV], 상차각 40°, 리액턴스가 49.8 [Ω]일 때 선로손실을 무시한다면 전송 전력은 약 몇 [MW]인가?

① 289　　② 322　　③ 373　　④ 869

해설 송전전력(P) 계산

$$P = \frac{V_s V_r}{X} \sin\delta = \frac{161 \times 155}{49.8} \sin 40 ≒ 322 [MW]$$

정답 ②

예제 12

30000 [kW]의 전력을 50 [km] 떨어진 지점에 송전하려고 할 때 송전전압(kV)은 약 얼마인가? (단, Still식에 의하여 산정한다)

① 22　　② 33　　③ 66　　④ 100

해설 송전전압(Still식) 계산

$$P = \frac{V_s V_r}{X} \sin\delta = \frac{161 \times 155}{49.8} \sin 40 ≒ 322 [MW]$$

정답 ④

예제 13

154 [kV] 송전선로에서 송전거리가 154 [km]라 할 때 송전용량 계수법에 의한 송전용량은 몇 [kW]인가? (단, 송전용량 계수는 1200으로 한다)

① 61600　　② 92400　　③ 123200　　④ 184800

해설 송전용량(P) 계수법 계산

$$P = K\frac{V^2}{l} = 1200 \times \frac{154^2}{154} = 184800 [kW]$$

정답 ④

CHAPTER 05 고장계산

01 고장계산

선로 사고(지락, 단락) 시 발생하는 고장전류를 예측하여 사고를 대비하기 위한 계산

1 고장전류 계산 방법

(1) 단락고장
   ① %Z법
   ② 대칭좌표법
   ③ PU법

(2) 지락고장
   ① 대칭좌표법

2 단락고장 필요한 계산 정리

(1) %Z 법 ($\%Z = \dfrac{ZI_n}{E} \times 100\%$)

단상	$\%Z_{단상} = \dfrac{ZI_n}{E \times 10^3} \times 100 = \dfrac{ZI_n}{10E} \times \dfrac{E}{E} = \dfrac{ZP_n}{10E^2}[\%]$	P_n : 단상 용량 [kVA] E : 상전압 [kV]
3상	$\%Z_{3상} = \dfrac{ZP_n}{10E^2} = \dfrac{Z \times \frac{1}{3}P_n}{10 \times (\frac{V}{\sqrt{3}})^2}[\%] = \dfrac{ZP_n}{10V^2}[\%]$	P_n : 3상 용량 [kVA] V : 선간전압 [kV]

① $\%X(리액턴스) = \dfrac{XI_n}{E \times 10^3} \times 100 = \dfrac{XI_n}{10E} \times \dfrac{E}{E} = \dfrac{XP_n}{10E^2} = \dfrac{XP_n}{10V^2}$

② $\%r(저항) = \dfrac{rI_n}{E \times 10^3} \times 100 = \dfrac{rI_n}{10E} \times \dfrac{E}{E} = \dfrac{rP_n}{10E^2} = \dfrac{rP_n}{10V^2}$

예제 01

기준 선간전압 23 [kV], 기준 3상 용량 5000 [kVA], 1선의 유도리액턴스가 15[Ω]일 때 %리액턴스는?

① 28.36 [%]　　② 14.18 [%]　　③ 7.09 [%]　　④ 3.55 [%]

해설 %리액턴스 (%X) 계산

$$\%X = \frac{XP}{10V^2} = \frac{15 \times 5{,}000}{10 \times 23^2} \fallingdotseq 14.18\,[\%]$$

TIP V, P_n 단위 : [kV] 및 [kVA]여야 함

정답 ②

---

(2) 단락전류(I_s)

① $I_s = \dfrac{E}{Z} = \dfrac{E}{\dfrac{\%Z \times E}{100 \times I_n}} = \dfrac{100}{\%Z} \times I_n$ [A]

② 3상일 때 정격전류 $I_n = \dfrac{P_n}{\sqrt{3}\,V}$

(3) 단락용량 (P_s)

① $P_s = VI_s = V \times \dfrac{100}{\%Z} I_n = \dfrac{100}{\%Z} P_n$

② 3상일 때 $P_s = \sqrt{3}\,V \times I_s$ 　　　V : 공칭전압, 정격전압 = 공칭전압 $\times \dfrac{1.2}{1.1}$ [V]

(4) 차단용량 (P)

① $P = \sqrt{3}\,V_n I_s$ 　　　V_n : 정격전압

② 차단용량은 단락용량보다 값이 커야 함

예제 02

전원으로부터의 합성임피던스가 0.5 [%] (15000 [kVA] 기준)인 곳에 설치하는 차단기 용량은 몇 [MVA] 이상이어야 하는가?

① 2000　　　② 2500　　　③ 3000　　　④ 3500

해설 차단기 용량 (P_s) 계산

$$P_s = \frac{100}{\%Z} P_n = \frac{100}{0.5} \times 15 = 3000 \ [MVA]$$

정답 ③

(5) 고장전류 계산 순서

① 기준 용량 P_n 선정 : 각 %Z의 용량 값을 공통적인 값 선정

② 환산된 P_n값 기준으로 %Z값 환산 후 합산

③ 단락전류 $I_s = \dfrac{100}{\%Z} \times I_n$

④ 단락용량 $P_s = \dfrac{100}{\%Z} P_n$

(6) PU법

① 임피던스로 표시하는 방법으로서 %를 없애고 100을 나누어 계산

② $Z[p \cdot u] = \dfrac{ZI}{E}$

예제 03

그림의 F점에서 3상 단락고장이 생겼다. 발전기 쪽에서 본 3상 단락전류는 몇 [kA]가 되는가? (단, 154 [kV] 송전선의 리액턴스는 1000 [MVA]를 기준으로 하여 2 [%/km]이다)

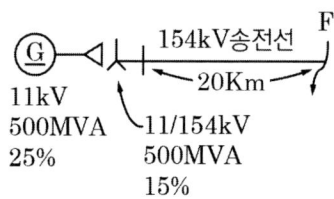

① 43.7　　　② 47.7　　　③ 53.7　　　④ 59.7

해설 단락전류(I_s) 계산

- $I_s = \dfrac{100}{\%Z} \times I_n$
- 발전기 측에서 본 경우 1차 측 전압 기준, 정격전류 I_n 계산

$$\therefore I_s = \frac{100}{120} \times \frac{1000 \times 10^6}{\sqrt{3} \times 11 \times 10^3} = 43.7\,[kA]$$

정답 ①

예제 04

그림과 같은 전선로의 단락용량은 약 몇 [MVA]인가? (단, 그림의 수치는 10000 [kVA]를 기준으로 한 %리액턴스를 나타낸다)

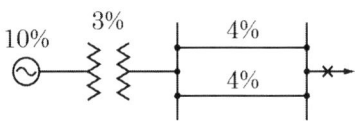

① 33.7   ② 66.7   ③ 99.7   ④ 132.7

해설 단락용량(P_s) 계산

$$\%X = \%X_g + \%X_t + \frac{\%X_{l1} \times \%X_{l2}}{\%X_{l1} + \%X_{l2}} = 10 + 3 + \frac{4 \times 4}{4+4} = 15\,[\%]$$

$$\therefore P_s = \frac{100}{15} \times 10 = 66.7\,[MVA]$$

정답 ②

예제 05

그림과 같은 3상 송전계통에서 송전단전압은 3300 [V]이다. 점 P에서 3상 단락사고가 발생했다면 발전기에 흐르는 단락전류는 약 몇 [A]인가?

$$2\Omega \quad 1.25\Omega \quad 0.32\Omega \quad 1.75\Omega \quad P$$

① 320   ② 330   ③ 380   ④ 410

해설 단락전류 (I_s) 계산

$$I_s = \frac{E}{Z} = \frac{E}{\sqrt{R^2+X^2}} = \frac{\frac{3300}{\sqrt{3}}}{\sqrt{0.32^2+5^2}} \fallingdotseq 380[A]$$

TIP
- 문제에 주어진 전압은 선간전압
- 충전전류 계산 시 대지전압(E)으로 변환
  대지전압(E) = 선간전압 ÷ $\sqrt{3}$

정답 ③

02 대칭좌표법

불평형 전압이나 전류를 3개의 성분(영상분, 정상분, 역상분)으로 나누어 계산하는 방법으로 1선 지락 등 불평형 고장에서 대칭좌표법 사용

〈불평형 전류 벡터합성도〉

불평형 전류 = 정상 전류 + 역상 전류 + 영상 전류

1 대칭분

(1) 영상전류 (I_0)

　① 크기가 같고 같은 위상각을 가진 평형 단상전류

　② 접지계전기를 동작시키고, 통신선에 전자유도장해를 발생시킴

(2) 정상전류 (I_1)

　평형 3상 교류로서 전원과 동일한 상회전 방향으로 흐름

(3) 역상전류 (I_2)

　평형 3상 교류로서 전원의 상회전 방향과 반대 방향으로 흐름

구분		전압	전류
각 상	a 상	$V_a = V_0 + V_1 + V_2$	$I_a = I_0 + I_1 + I_2$
	b 상	$V_b = V_0 + a^2 V_1 + a V_2$	$I_b = I_0 + a^2 I_1 + a I_2$
	c 상	$V_c = V_0 + a V_1 + a^2 V_2$	$I_c = I_0 + a I_1 + a^2 I_2$
대칭분	영상분	$V_0 = \frac{1}{3}(V_a + V_b + V_c)$	$I_0 = \frac{1}{3}(I_a + I_b + I_c)$
	정상분	$V_1 = \frac{1}{3}(V_a + a V_b + a^2 V_c)$	$I_1 = \frac{1}{3}(I_a + a I_b + a^2 I_c)$
	역상분	$V_2 = \frac{1}{3}(V_a + a^2 V_b + a V_c)$	$I_2 = \frac{1}{3}(I_a + a^2 I_b + a I_c)$

예제 06

A, B 및 C상전류를 각각 I_a, I_b, 및 I_c라 할 때 $I_x = \frac{1}{3}(I_a + a^2 I_b + a I_c)$, $a = -\frac{1}{2} + j\frac{\sqrt{3}}{2}$ 으로 표시되는 I_x는 어떤 전류인가?

① 정상전류　　② 역상전류　　③ 영상전류　　④ 역상전류와 영상전류의 합

해설 대칭좌표법의 대칭전류

- 영상전류　$I_0 = \frac{1}{3}(I_a + I_b + I_c)$
- 정상전류　$I_1 = \frac{1}{3}(I_a + a I_b + a^2 I_c)$
- 역상전류　$I_2 = \frac{1}{3}(I_a + a^2 I_b + a I_c)$

정답 ②

예제 07

송전계통의 한 부분이 그림과 같이 3상 변압기로 1차 측은 △로, 2차 측은 Y로 중성점이 접지되어 있을 경우, 1차 측에 흐르는 영상전류는?

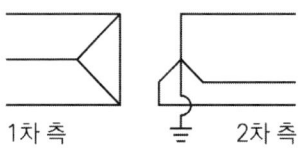

① 1차 측 선로에서 ∞이다.
② 1차 측 선로에서 반드시 0이다.
③ 1차 측 변압기 내부에서는 반드시 0이다.
④ 1차 측 변압기 내부와 1차 측 선로에서 반드시 0이다.

해설 델타권선의 특징

△권선 특징 : 영상전류는 외부로는 유출되지 못하므로 반드시 0이다.

정답 ②

2 고장별 대칭분 및 전류 크기

고장 종류	대칭분	전류 크기
3상 단락	정상분(I_1)	$I_1 \neq 0$, $I_2 = I_0 = 0$
선간 단락	정상분(I_1), 역상분(I_2)	$I_1 = -I_2 \neq 0$, $I_0 = 0$
1선 지락	정상분(I_1), 역상분(I_2), 영상분(I_0)	$I_0 = I_1 = I_2 \neq 0$

※ 2선 지락 고장
  영상분전류와 역상분전류는 대칭성분임피던스에 관계없이 항상 같음

3 대칭좌표법에 의한 고장 계산

(1) 발전기 기본식

① $V_0 = -I_0 Z_0$

② $V_1 = E_a - I_1 Z_1$

③ $V_2 = -I_2 Z_2$

(2) 임피던스 관계

① 선로 : $Z_1 = Z_2 < Z_0$

② 변압기 : $Z_1 = Z_2 = Z_0$

(3) 고장 계산

구분	개념도	계산
1선 지락고장		(1) $I_b = I_c = 0$ ① $I_b = I_0 + a^2 I_1 + a I_2 = 0$ 　　$I_c = I_0 + a I_1 + a^2 I_2 = 0$ 　　$I_b - I_c = I_0 + a^2 I_1 + a I_2 = I_0 + a I_1 + a^2 I_2$ 　　　　　　$= (a^2 - a) I_1 = (a^2 - a) I_2$ 　　$\therefore I_1 = I_2$ ② $I_b = I_0 + a^2 I_1 + a I_2 = I_0 + a^2 I_1 + a I_1$ 　　　$= I_0 + (a^2 + a) I_1$ 　　$\therefore I_0 - I_1 = 0, \quad I_0 = I_1 = I_2$ 　　TIP $1 + a + a^2 = 0 \quad a^2 + a = -1$ (2) $V_a = 0$ 　　$V_a = V_0 + V_1 + V_2 = 0$ 　　$V_a = -Z_0 I_0 + E_a - Z_1 I_1 - Z_2 I_2$ 　　　$= E_a - (Z_0 + Z_1 + Z_2) \times I_0 = 0$ 　　$\therefore I_0 = I_1 = I_2 = \dfrac{E_a}{Z_0 + Z_1 + Z_2}$ (3) $I_a = I_0 + I_1 + I_2 = I_0 + I_0 + I_0 = 3 I_0$ 　　$I_g = 3 I_0 = \dfrac{3 E_a}{Z_0 + Z_1 + Z_2}$　　I_g : 지락전류
선간 단락고장		(1) $I_0 = 0, \quad I_1 = -I_2 = \dfrac{E_a}{Z_1 + Z_2}$ (2) $V_a = \dfrac{2 Z_2}{Z_1 + Z_2} E_a, \quad V_b = V_c = \dfrac{-Z_2}{Z_1 + Z_2} E_a$
3상 단락고장		(1) $I_0 = 0, \; I_2 = 0$ (2) $I_a = \dfrac{E_a}{Z_1}, \; I_b = a^2 \dfrac{E_a}{Z_1}, \; I_c = a \dfrac{E_a}{Z_1}$

CHAPTER 06 중성점 접지 및 유도장해

01 중성점 접지 방식 종류

1 비접지(△결선, $Z_n = \infty$)

(1) 저전압(3.3 [kV]) 단거리 선로에 적용

(2) 지락전류가 작아, 순간적인 지락사고 시 계속 송전 가능 (과도안정도가 좋음)

(3) $I_g = j3\omega CE = j\sqrt{3}\omega CV [A]$

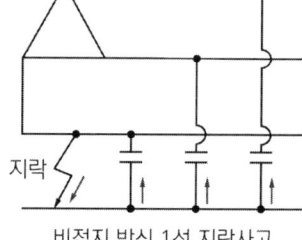

비접지 방식 1선 지락사고

(4) 통신선 유도장해가 적고, 지락계전기의 동작이 곤란

(5) 1선 지락사고 시 건전상 전압이 상시대지전압의 $\sqrt{3}$ 배 상승

(6) 건전상 전압 상승에 의한 2중 고장 발생 확률이 상승

(7) 선로에 제 3고조파 발생하지 않음

(8) 변압기 1대 고장 시, V결선으로 계속적인 전원 공급 가능

① V결선 출력비 : $\dfrac{\sqrt{3}\,VI}{3\,VI} = 57.7\,[\%]$

② V결선 이용률 : $\dfrac{\sqrt{3}\,VI}{2\,VI} = 86.6\,[\%]$

예제 01

배전선로에 3상 3선식 비접지 방식을 채용할 경우 장점이 아닌 것은?

① 과도 안정도가 크다.
② 1선 지락고장 시 고장전류가 작다.
③ 1선 지락고장 시 인접 통신선의 유도장해가 작다.
④ 1선 지락고장 시 건전상의 대지전위 상승이 작다.

해설 비접지계통(△) 1선 지락사고 시

- 지락되는 상(고장 상)은 '0' 전위가 됨
- 나머지 상의 전위는 $\sqrt{3}$ 배 상승

정답 ④

예제 02

100 [kVA] 단상변압기 3대를 △ – △ 결선으로 사용하다가 1대의 고장으로 V – V 결선으로 사용하면 약 몇 [kVA] 부하까지 사용할 수 있는가?

① 150　　② 173　　③ 225　　④ 300

해설 V결선 출력(P_V) 계산

$$P_V = \sqrt{3}\,P = \sqrt{3} \times 100 = 173\,[kVA]$$

정답 ②

2 직접 접지 ($Z_n = 0$)

(1) 변압기 중성점을 접지선으로 대지에 직접 연결

(2) 지락전류가 큼

(3) 보호계전기의 동작이 확실하며 단절연 변압기 사용이 가능

(4) 지락 시 통신선 전자유도장해가 발생

(5) 1선 지락 시 건전상의 대지전압의 상승이 거의 없음

(6) 보호계전기 동작이 잦아, 과도안정도가 나쁨

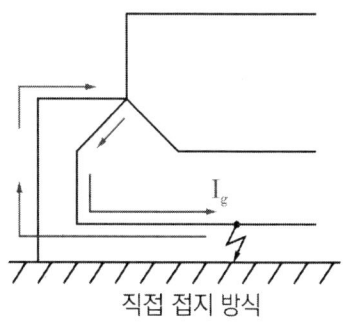

직접 접지 방식

3 저항 접지($Z_n = R$)

(1) 접지저항 R의 값
   ① 매우 낮으면 고장 발생 시 통신선 유도장해가 커짐
   ② 매우 높으면 지락계전기의 동작이 곤란

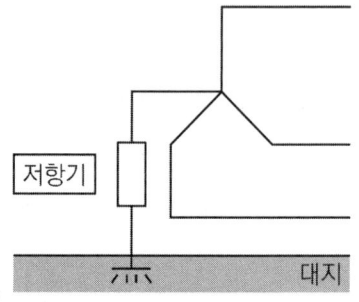

예제 03

정격전압 6600 [V], Y결선, 3상 발전기의 중성점을 1선 지락 시 지락전류를 100 [A]로 제한하는 저항기로 접지하려고 한다. 저항기의 저항값은 약 몇 [Ω]인가?

① 44   ② 41   ③ 38   ④ 35

해설 지락전류(I_g) 계산

$$I_g = \frac{E}{R}, \quad 100 = \frac{\frac{6600}{\sqrt{3}}}{R} \qquad \therefore R \fallingdotseq 38\,[\Omega]$$

TIP
- 문제에 주어진 전압은 선간전압
- 지락전류 계산 시 대지전압(E) 변환
  대지전압 = 선간전압 ÷ $\sqrt{3}$

정답 ③

4 유효 접지

지락사고 시 건전상의 전압 상승이 평상시 대지전압의 1.3배 이하가 되도록 한 임피던스 접지 방식

5 소호리액터

(1) 소호리액터 접지($Z_n = jX_L$)
   ① 선로의 대지정전용량과 병렬 공진하는 리액터를 이용하여 지락전류를 소멸시키는 접지
   ② 고장 발생 중에도 전력 공급이 가능(과도 안정도 좋음)
   ③ $I_g \fallingdotseq 0$ 이므로 통신장애가 적음
   ④ 고장 검출이 어려우므로 보호 장치의 동작이 불확실
   ⑤ 1선 지락사고 시, 선로 전압의 상승이 최대가 됨
   ⑥ 단선 사고 시 직렬공진에 의한 이상전압이 최대 발생

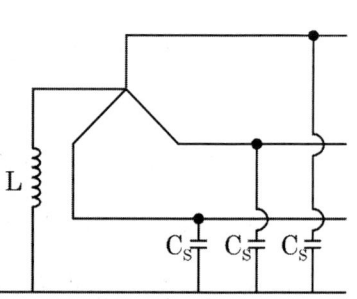

(2) 소호리액터의 크기

① 병렬공진 조건

$$\omega L = \frac{1}{3\omega C_s} \quad , \quad L = \frac{1}{3\omega^2 C_s} = \frac{1}{3(2\pi f)^2 C_s} \ [H]$$

② 변압기임피던스 고려할 경우

$$\omega L = \frac{1}{3\omega C_s} - \frac{\omega L_t}{3} \quad , \quad L = \frac{1}{3\omega^2 C_s} - \frac{L_t}{3} \ [H]$$

③ 합조도 : 소호리액터 탭이 공진점을 벗어나고 있는 정도

- 소호리액터 접지는 계통의 진상운전을 방지하기 위해 10 [%] 정도 과보상함

- 합조도 $P = \dfrac{I - I_c}{I_c} \times 100 \ [\%]$

  - 소호리액터 탭전류 $I = \dfrac{E}{\omega L}$

  - 대지충전전류 $I_c = \dfrac{E}{\dfrac{1}{3\omega C_s}}$

과보상, 합조도 +	완전 공진, 합조도 0	부족 보상, 합조도 -
$\omega L < \dfrac{1}{3\omega C_s}$	$\omega L = \dfrac{1}{3\omega C_s}$	$\omega L > \dfrac{1}{3\omega C_s}$

예제 04

송전선로의 중성점을 접지하는 목적은?

① 전압강하의 감소
② 유도장해의 감소
③ 전선동량의 절약
④ 이상전압의 발생 방지

해설 중성점 접지 목적

- 이상전압의 경감 및 발생 억제(주 목적)
- 접지계전기의 확실한 동작
- 과도 안정도의 증진
- 절연 레벨 경감
- 소호리액터 접지 시 1선 지락 아크 소멸

정답 ④

예제 05

1선 지락 시에 전위 상승이 가장 적은 접지 방식은?

① 직접 접지 　② 저항 접지 　③ 리액터 접지 　④ 소호리액터 접지

해설 직접 접지 특징

- <u>1선 지락 시 건전상 대지전압 상승이 거의 없음</u>
- 선로 및 기기의 절연 레벨을 낮춤
- 보호계전기 동작 확실
- 단절연 변압기 사용 가능(저감 절연)
- 과도 안정도 나쁨
- 지락 시 지락전류가 최대
- 통신선 전자유도장해 발생
- 차단기 차단 능력 증가

정답 ①

예제 06

송전계통의 중성점을 직접 접지할 경우 관계가 없는 것은?

① 과도 안정도 증진 　　　　② 계전기 동작 확실
③ 기기의 절연수준 저감 　　　④ 단절연 변압기 사용 가능

해설 직접 접지 특징

- 1선 지락 시 건전상 대지전압 상승 거의 없음
- 선로 및 기기의 절연 레벨을 낮춤
- 보호계전기 동작 확실
- 단절연 변압기 사용 가능(저감 절연)
- <u>과도 안정도 나쁨</u>
- 지락 시 지락전류가 최대
- 통신선 전자유도장해 발생
- 차단기 차단 능력 증가

정답 ①

예제 07

1선 지락 시에 지락전류가 가장 작은 송전계통은?

① 비접지식 ② 직접 접지식
③ 저항 접지식 ④ 소호리액터 접지식

해설 소호리액터 접지 방식 특징

- 병렬 공진 시 지락전류 최소
- 차단기 차단 능력 가벼움
- 보호계전기 동작 불확실
- 통신 장애 최소
- 유도장해 최소
- 단선 사고 시 직렬공진에 의한 이상전압 최대 발생

정답 ④

예제 08

66 [kV], 60 [Hz] 3상 3선식 선로에서 중성점을 소호리액터 접지하여 완전 공진상태로 되었을 때 중성점에 흐르는 전류는 몇 [A]인가? (단, 소호리액터를 포함한 영상회로의 등가저항은 200 [Ω], 중성점 잔류전압은 4400 [V]라고 한다)

① 11 ② 22 ③ 33 ④ 44

해설 중성점전류 계산

완전 공진 상태 시, 전류 $I = \dfrac{E}{R}$

$\therefore I = \dfrac{4400}{200} = 22\,[A]$

정답 ②

02 유도장해

전선로의 유도 또는 전기기기의 전자파 등으로 통신설비 절연파괴 또는 신호장애 등을 발생시키는 현상

1 유도장해 종류

(1) 정전유도

(2) 전자유도

2 정전유도장해(상호 정전용량과 영상전압)

(1) 정전용량(C) : 불평형으로 통신선에 정전유도전압이 발생하여 충전전류가 흘러 통신에 영향을 주는 현상

(2) 정전유도전압 : 통신선 상호 커패시턴스와 선로 영상전압이 불평형되어 발생하는 전압

(3) 상별 정전유도장해 계산

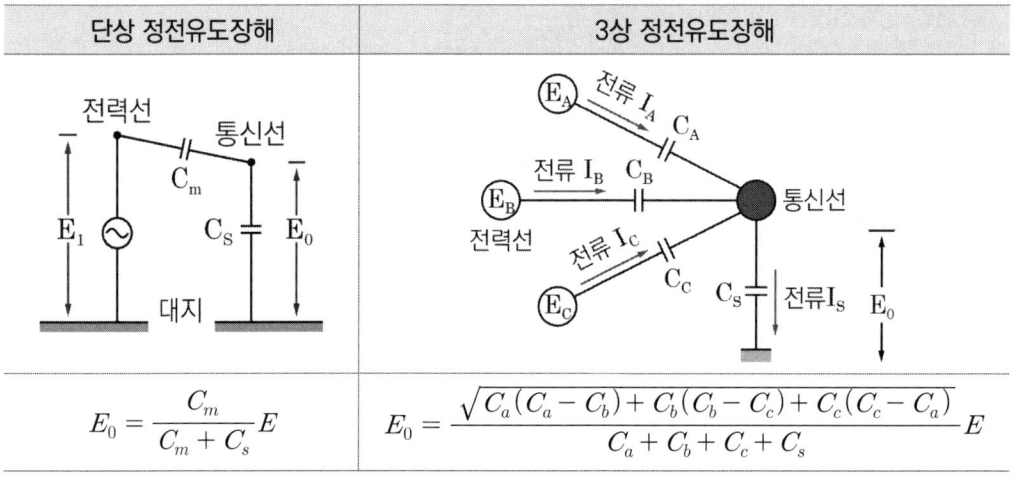

단상 정전유도장해	3상 정전유도장해
$E_0 = \dfrac{C_m}{C_m + C_s} E$	$E_0 = \dfrac{\sqrt{C_a(C_a - C_b) + C_b(C_b - C_c) + C_c(C_c - C_a)}}{C_a + C_b + C_c + C_s} E$

(4) 비접지 방식 중성점 잔류 전압(E_t)

$$E_t = \frac{\sqrt{C_a(C_a - C_b) + C_b(C_b - C_c) + C_c(C_c - C_a)}}{C_a + C_b + C_c} E$$

(5) 정전유도장해 발생 대책

① 연가 : $C_a = C_b = C_c$ 되므로 $E_t = 0$이 됨

② 각 선로의 간격을 넓힘 : 통신선과 전력선 간격을 넓혀주어 간섭을 덜 받게 함

3 전자유도장해(상호 인덕턴스와 영상전류)

(1) 평상시 3상 선로가 평형되어 영상전류(I_0)가 매우 작고, 송전선 고장(지락, 단락) 시 큰 영상전류(I_0)가 대지로 흘러 통신장해를 일으키는 장애

(2) 전자유도장해 크기 계산

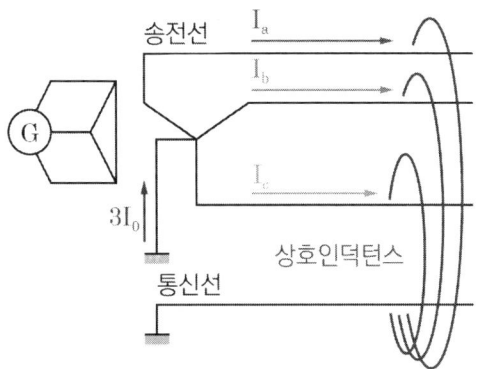

- 전자유도전압의 크기

$$E_m = -j\omega Ml(I_a + I_b + I_c) = -j\omega Ml(3I_0)$$

E_m : 전자유도전압
M : 상호 인덕턴스
I_0 : 영상전류 (= 기유도전류)
l : 거리
기유도 : 어떠한 현상을 일으키는 것

(3) 전자유도장해 대책

① 전력선 측 대책
- 차폐선 설치 : 전자유도장해 30 ~ 50 [%] 저감

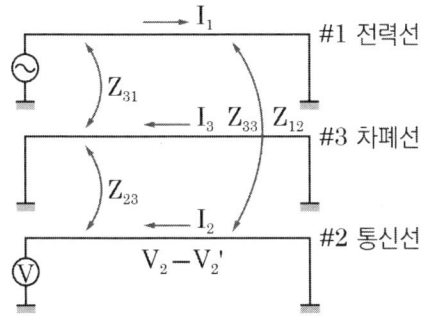

차폐 계수 $(\lambda) = 1 - \dfrac{Z_{31}Z_{23}}{Z_{33}Z_{12}}$

- 각 선간거리 멀게 함(상호 인덕턴스 M 감소)
- 고속도 지락 보호계전기 채택(고장 지속 시간 단축)
- 중성점 접지 저항값 크게 함(기유도전류 크기 억제)

② 통신선 측 대책
- 연피 통신 케이블 사용(상호 인덕턴스 M 저감)
- 성능 좋은 피뢰기 설치(유도전압 강제 저감)
- 통신선의 도중에 중계코일 설치(병행 길이 단축)

예제 09

유도장해를 방지하기 위한 전력선 측의 대책으로 틀린 것은?

① 차폐선을 설치한다.
② 고속도차단기를 사용한다.
③ 중성점 전압을 가능한 높게 한다.
④ 중성점 접지에 고저항을 넣어서 지락전류를 줄인다.

해설 유도장해 방지 대책

중성점 전압 상승 시 유도장해가 발생하므로 유도장해 경감과는 관련이 없다.

정답 ③

예제 10

그림과 같이 전력선과 통신선 사이에 차폐선을 설치하였다. 이 경우에 통신선의 차폐계수(K)를 구하는 관계식은? (단, 차폐선을 통신선에 근접하여 설치한다)

① $K = 1 + \dfrac{Z_{31}}{Z_{12}}$ ② $K = 1 - \dfrac{Z_{31}}{Z_{33}}$ ③ $K = 1 - \dfrac{Z_{23}}{Z_{33}}$ ④ $K = 1 + \dfrac{Z_{23}}{Z_{33}}$

해설 차폐계수(K) 계산식

- $K = \left| 1 - \dfrac{Z_{23} Z_{31}}{Z_{33} Z_{12}} \right|$
- 통신선 근접 설치로 $Z_{12} = Z_{31}$

∴ $K = 1 - \dfrac{Z_{23}}{Z_{33}}$

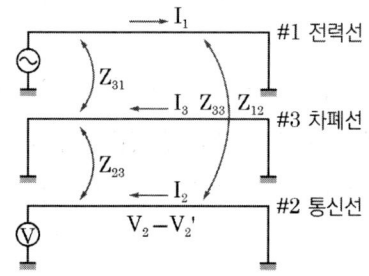

정답 ③

03 안정도

계통에 주어진 운전 조건에서 안정한 운전의 지속 여부를 결정하는 정도

1 종류

(1) 정태 안정도

정상 운전 시 부하가 서서히 증가했을 때 안정 운전을 지속할 수 있는 정도

(2) 과도 안정도

부하급변 또는 사고로 계통에 충격이 가해질 때 연결된 동기기가 동기를 유지하면서 안정적 운전을 할 수 있는 정도

(3) 동태 안정도

자동전압조정기(AVR) 또는 조속기 등이 갖는 제어효과를 고려한 정도

2 안정도 향상 대책

(1) 직렬 리액턴스(X_L)을 작게 함

① 선로의 병행 회선수를 늘리거나 복도체 또는 다도체 방식을 사용

② 직렬 콘덴서를 삽입

③ 단락비($K_s = \dfrac{1}{Z_s}$)가 큰 기기 설치(단락비가 작을 시 전압변동률이 커짐)

(2) 계통 전압 변동 제어

① 속응 여자 방식을 채용

발전기 여자전류를 상승시켜 단자 전압을 일정하게 유지하여 안정도를 증진

② 중간조상 방식을 채용

(3) 고고장전류를 줄이고, 고장 구간 신속 차단

① 적당한 중성점 접지 방식(소호리액터)을 채용하여 지락전류를 감소시킴

② 고속도 계전기, 고속도차단기 채용 및 고속도 재폐로 방식을 채용

③ 고속도 재폐로 방식

짧은 시간에 자동적으로 회로를 폐로하여 운전하는 방식으로 계통 충격을 줄임

(4) 고장 발생 시 발전기 입·출력 불평형 감소

① 제동 저항기를 설치

② 원동기의 조속기 작동을 빠르게 함

예제 11

발전기의 정태 안정 극한 전력이란?

① 부하가 서서히 증가할 때의 극한 전력   ② 부하가 갑자기 크게 변동할 때의 극한 전력
③ 부하가 갑자기 사고가 났을 때의 극한 전력   ④ 부하가 변하지 않을 때의 극한 전력

해설 정태 안정 극한 전력

부하가 서서히 증가할 때의 극한 전력

정답 ①

예제 12

송배전계통에서의 안정도 향상 대책이 아닌 것은?

① 병렬 회선 수 증가   ② 병렬 콘덴서 설치
③ 속응 여자 방식 채용   ④ 기기의 리액턴스 감소

해설 안정도 향상 대책

- <u>계통의 직렬 리액턴스 감소</u>
- <u>속응 여자 방식</u>
- 고속도 재폐로 방식
- 직렬 콘덴서 설치
- 조속기 작동을 빠르게 한다.
- 계통 연계 방식
- 중간 조상 방식
- <u>병렬 회선 수 늘림</u>

정답 ②

예제 13

송전선로의 안정도 향상 대책이 아닌 것은?

① 병행 다회선이나 복도체 방식 채용   ② 계통의 직렬리액턴스 증가
③ 속응 여자 방식 채용   ④ 고속도차단기 이용

해설 안정도 향상 대책

- 계통의 직렬 리액턴스 감소
- <u>속응 여자 방식</u>
- <u>고속도 재폐로 방식</u>
- 직렬 콘덴서 설치
- 조속기 작동을 빠르게 한다.
- 계통 연계 방식
- 중간 조상 방식
- <u>병렬 회선 수 늘림</u>

정답 ②

CHAPTER 07 이상전압 및 보호계전기

01 이상전압

1 이상전압의 종류

(1) 개폐서지(내부적 요인)
  ① 차단기 투입이나 개방 시에 나타나는 과도전압
  ② 무부하 선로를 개로할 때 충전전류에 의한 이상전압이 가장 큼(대책 : 개폐 저항기)

예제 01

차단 시 재점호가 발생하기 쉬운 경우는?

① R - L회로의 차단   ② 단락전류의 차단
③ C회로의 차단   ④ L회로의 차단

해설 재점호현상

- 차단기 개방 상태에서 절연파괴로 인해 전기가 통하는 현상
- 재점호 원인 : 무부하 시 충전전류(C)

정답 ③

(2) 직격뢰(외부적 요인)
  ① 송전선 및 가공전선에 낙뢰 직격 시 발생
  ② 파두장은 짧고, 파미장은 김
  ③ 뇌서지와 개폐서지의 파두장, 파미장이 다름
  ④ 뇌서지 파고값은 크고 지속시간 짧음
  ⑤ 개폐서지 파고값은 작고 지속시간은 증가

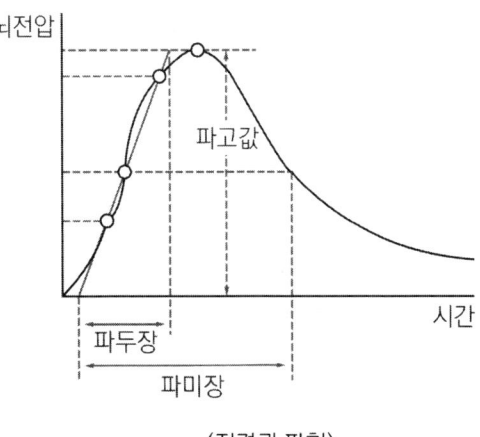

〈직격뢰 파형〉

예제 02

송배전계통에 발생하는 이상전압의 내부적 원인이 아닌 것은?

① 선로의 개폐 ② 직격뢰 ③ 아크 접지 ④ 선로의 이상 상태

[해설] 내부이상전압의 종류

직격뢰 : 외부적 원인

정답 ②

2 이상전압의 진행파

서로 다른 회로의 접속점에 진행파가 진입하면 파동임피던스의 일부는 반사하고 나머지는 변이점을 통과해서 다음 회로에 침입해 들어감

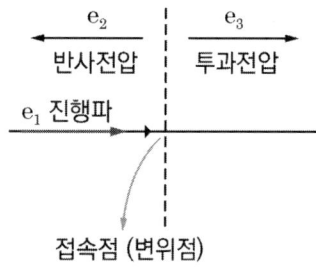

Z_1 : 선로특성임피던스 Z_2 : 케이블 특성임피던스
e_1 : 진행파 전압 e_2 : 반사전압 e_3 : 투과전압

(1) 계수별 전압 계산

① 반사계수 $\dfrac{Z_2 - Z_1}{Z_1 + Z_2}$,   반사전압 $e_2 = \dfrac{Z_2 - Z_1}{Z_1 + Z_2} e_1$

② 투과계수 $\dfrac{2Z_2}{Z_1 + Z_2}$,   투과전압 $e_3 = \dfrac{2Z_2}{Z_1 + Z_2} e_1$

(2) 종단이 개방되어 있는 경우($Z_2 = \infty$)

① 반사계수 = 1

② 투과계수 = 2

(3) 종단이 접지되어 있는 경우($Z_2 = 0$)

① 반사계수 = -1

② 투과계수 = 0

예제 03

파동임피던스 Z_1 = 500 [Ω], Z_2 = 300 [Ω]인 두 무손실 선로 사이에 그림과 같이 저항 R을 접속하였다. 제1선로에서 구형파가 진행하여 왔을 때 무반사로 하기 위한 R의 값은 몇 [Ω]인가?

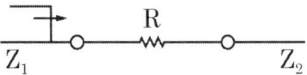

① 100 ② 200 ③ 300 ④ 500

해설 무반사 조건 R 값 계산

- 무반사 시, 반사계수 $= 0$
- 반사계수 $= \dfrac{Z_2 - Z_1}{Z_1 + Z_2} = 0 = \dfrac{(300+R) - 500}{500 + (300+R)} = 0$ ∴ $R = 200 \, [\Omega]$

정답 ②

예제 04

임피던스 Z_1, Z_2 및 Z_3를 그림과 같이 접속한 선로의 A쪽에서 전압파 E가 진행해 왔을 때 접속점 B에서 무반사로 되기 위한 조건은?

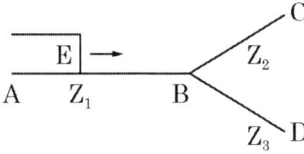

① $Z_1 = Z_2 + Z_3$
② $\dfrac{1}{Z_3} = \dfrac{1}{Z_1} + \dfrac{1}{Z_2}$
③ $\dfrac{1}{Z_1} = \dfrac{1}{Z_2} + \dfrac{1}{Z_3}$
④ $\dfrac{1}{Z_2} = \dfrac{1}{Z_1} + \dfrac{1}{Z_3}$

해설 무반사 조건 R 값 계산

- $Z_A = Z_1$, $\quad Z_B = \dfrac{1}{\dfrac{1}{Z_2} + \dfrac{1}{Z_3}}$ $\quad$ • $\beta = \dfrac{Z_B - Z_A}{Z_A + Z_B}$

- 무반사 조건 $Z_A = Z_B$, $\quad Z_B - Z_A = 0$
- $Z_1 = \dfrac{1}{\dfrac{1}{Z_2} + \dfrac{1}{Z_3}}$ $\qquad\qquad\qquad\qquad\qquad \therefore \dfrac{1}{Z_1} = \dfrac{1}{Z_2} + \dfrac{1}{Z_3}$

정답 ③

02 이상전압의 대책

1 피뢰기

이상전압의 파고치를 저감시켜 기기를 보호하는 설비

(1) 피뢰기의 구성

① 직렬 갭
- 평상시(정상 상태) : 대지 간 절연 유지(누설전류 차단)
- 이상전압 침입 시 : 뇌전류 방전 및 전압의 상승 방지
- 방전 종류 후 : 속류차단

② 특성 요소
제한 전압을 낮게 억제하고, 비교적 낮은 전압에서는 높은 저항 값으로 속류차단

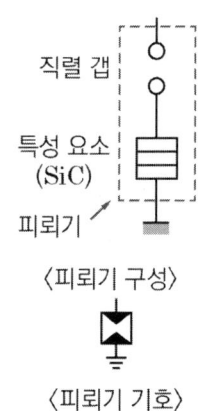

〈피뢰기 구성〉

〈피뢰기 기호〉

(2) 피뢰기 전압별 정의

① 제한 전압
- 피뢰기가 처리하고 남은 전압
- 충격파전류가 흐르고 있을 때, 피뢰기 단자 전압의 파고값

② 정격전압
- 피뢰기 양 단자 사이에 인가할 수 있는 상용 주파수의 최대전압 실횻값
- 속류가 차단되는 최고의 교류전압

③ 충격 방전 개시 전압
  - 충격파 최대전압 인가 시 피뢰기 단자가 방전을 개시하는 전압
  - 피뢰기 단자전압의 최고전압
④ 상용주파 방전 개시 전압
  - 상용 주파수에서 피뢰기가 방전 시, 상용주파 전압, 실횻값으로 표현
  - 상용주파 방전 개시 전압 = 피뢰기 정격전압 1.5배 이상

예제 05

유효 접지계통에서 피뢰기의 정격전압을 결정하는 데 가장 중요한 요소는?

① 선로 애자련의 충격섬락전압
② 내부 이상전압 중 과도이상전압의 크기
③ 유도뢰의 전압의 크기
④ 1선 지락 고장 시 건전상의 대지전위

해설 피뢰기 정격전압

- 선로단자와 접지 단자 간에 인가할 수 있는 상용주파 최대허용전압의 실횻값
- <u>1선 지락 고장 시 건전상의 대지 전위</u>

정답 ④

예제 06

변전소, 발전소 등에 설치하는 피뢰기에 대한 설명 중 틀린 것은?

① 정격전압은 상용주파 정현파 전압의 최고 한도를 규정한 순싯값이다.
② 피뢰기의 직렬갭은 일반적으로 저항으로 되어 있다.
③ 방전전류는 뇌충격전류의 파고값으로 표시한다.
④ 속류란 방전현상이 실질적으로 끝난 후에도 전력계통에서 피뢰기에 공급되어 흐르는 전류를 말한다.

해설 피뢰기 정격전압

- <u>선로 단자와 접지 단자 간에 인가할 수 있는 상용주파 최대허용전압의 실횻값</u>
- 1선 지락 고장 시 건전상의 대지전위

정답 ①

(3) 피뢰기의 공칭 방전전류별 적용 장소 및 조건

공칭 방전전류	설치 장소	적용 조건
10000 [A]	변전소	• 154 [kV] 이상 계통 • 66 [kV] 및 그 이하의 계통에서 BANK 용량이 3000 [kVA] 초과하는 곳
5000 [A]	변전소	• 66 [kV] 및 그 이하의 계통에서 BANK 용량이 3000 [kVA] 이하인 곳
2500 [A]	선로	• 배전선로

(4) 피뢰기 구비 조건

① 상용주파 방전 개시 전압 높을 것
② 충격 방전 개시 전압 낮을 것
③ 속류차단 능력 클 것
④ 제한 전압 낮을 것
⑤ 내구성 및 경제성 있을 것
⑥ 방전 내량 클 것

2 서지흡수기(SA : Surge Arrester)

(1) 개폐서지를 흡수하기 위하여 옥내에 설치하는 것

(2) VCB와 몰드 TR 사이 설치

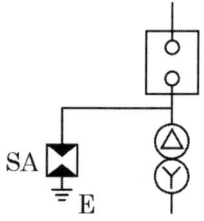

3 가공지선

선로 최상단에 설치되며 직격뢰, 유도뢰, 통신선에 대한 전자유도 경감의 목적으로 설치하는 전선

(1) 차폐각

① 차폐각이 작을수록 외부 이상전압에 대한 보호율 높음
② 보통 차폐각은 45° 내외이며, ACSR 사용

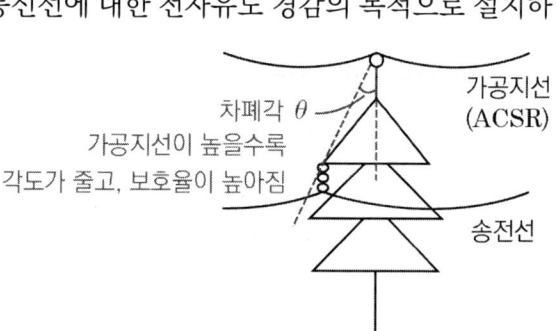

예제 07

가공지선의 설치 목적이 아닌 것은?

① 전압강하의 방지
② 직격뢰에 대한 차폐
③ 유도뢰에 대한 정전차폐
④ 통신선에 대한 전자유도장해 경감

해설 가공지선

- 직격뢰, 유도뢰, 통신선에 대한 전자유도 경감의 목적
- 차폐각 35 ~ 40°
- 차폐각이 작을수록 보호율이 높음
- 가공지선을 2회선으로 하면 차폐각 작아짐
- ACSR 사용

정답 ①

예제 08

송전선에 뇌격에 대한 차폐 등으로 가선하는 가공지선에 대한 설명 중 옳은 것은?

① 차폐각은 보통 15 ~ 30° 정도로 하고 있다.
② 차폐각이 클수록 벼락에 대한 차폐효과가 크다.
③ 가공지선을 2선으로 하면 차폐각이 작어진다.
④ 가공지선으로는 연동선을 주로 사용한다.

해설 가공지선

- 직격뢰, 유도뢰, 통신선에 대한 전자유도 경감의 목적
- 차폐각 35 ~ 40°
- 차폐각이 작을수록 보호율이 높음
- 가공지선을 2회선으로 하면 차폐각 작아짐
- ACSR 사용

정답 ③

4 매설지선

(1) 철탑의 접지저항을 줄이기 위해 철탑 하부 대지 밑에 설치한 전선

(2) 철탑의 접지 저항이 크면 비교적 저항이 적은 선로 쪽으로 직격·유도뢰의 전류가 흐름 (역섬락)

(3) 매설지선을 설치하여 접지저항을 줄여, 역섬락을 방지

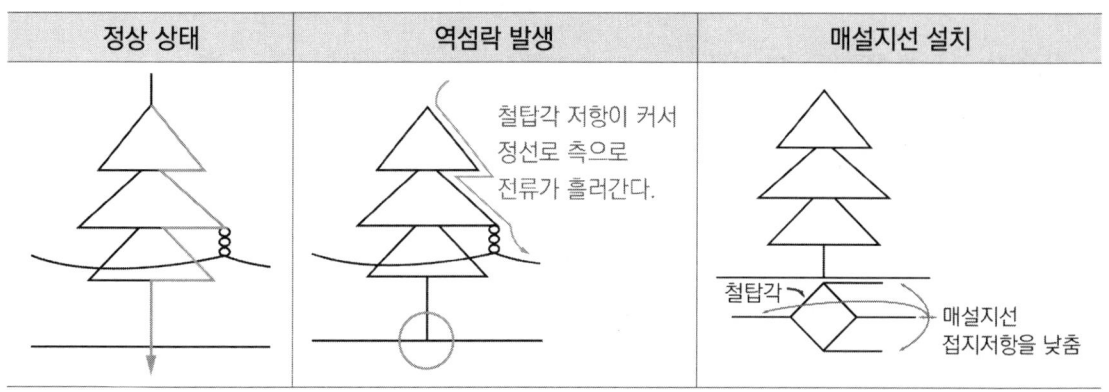

| 정상 상태 | 역섬락 발생 | 매설지선 설치 |

예제 09

뇌해 방지와 관계가 없는 것은?

① 매설지선　② 가공지선　③ 소호각　④ 댐퍼

[해설] 댐퍼(Damper)

댐퍼 : 전선의 진동 및 도약 방지설비

[정답] ④

5 절연협조

피뢰기 제한 전압을 기본으로 하여 계통 내 상호 간 적정한 절연강도를 지니게 함으로써 계통 설계를 합리적·경제적으로 함

(1) 피뢰기 제한 전압을 기본으로 하는 이유

외부 이상전압을 피뢰기에서 제한하여, 제한 전압 값 이상으로만 기기들을 절연해 주면 경제적·합리적으로 절연강도를 선정할 수 있기 때문

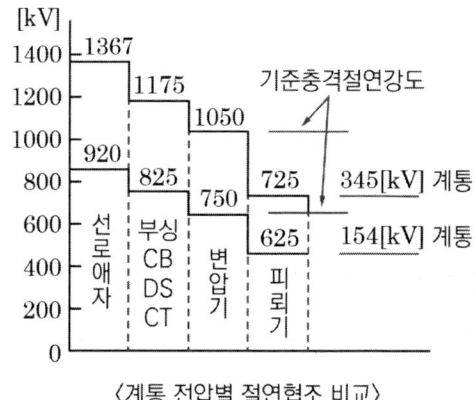

〈계통 전압별 절연협조 비교〉

(2) 절연협조에 의한 절연강도 순서

피뢰기 < 변압기 < 기기부싱 < 결합콘덴서 < 선로애자   암 피변기결선

(3) 기준 충격 절연강도(BIL : Basic Impulse insulation Level)

① 절연협조의 기준이 되는 절연강도

② BIL = 5E + 50 [kV]

③ E [kV] (최저전압) = $\dfrac{공칭전압}{1.1}$

03 보호계전 방식

계통의 고장상태를 신속히 검출하여 차단하는 계전 방식

1 보호계전 방식 개요

(1) 전기적인 운전 상태를 계기용 변압기(PT), 계기용변류기(CT)를 통해서 보호계전기에 입력

(2) 이상 검출 시, 차단기 트립코일(TC)을 여자하여 차단기를 개방시킴으로써 고장 구간을 차단

전력 계통 → PT, CT --▶ 전기적 상태 측정 → 보호 계전기 --▶ 계통 이상 검출 → 차단기 등 --▶ 사고 제거 등 조치

〈보호계전시스템〉

2 보호계전기의 구비 조건

(1) 확실성, 신속성, 선택성

(2) 고장 구간 정확히 선택할 것

(3) 동작이 예민하고 오동작이 없을 것

(4) 적절한 후비 보호 능력이 있을 것

(5) 소비전력이 적고 경제적일 것

(6) 접점 소모가 적고, 열적·기계적 강도가 클 것

(7) 과도 안정도를 유지하는 데 필요한 한도 내의 동작 시한을 가질 것

3 보호계전기의 동작시간에 의한 분류

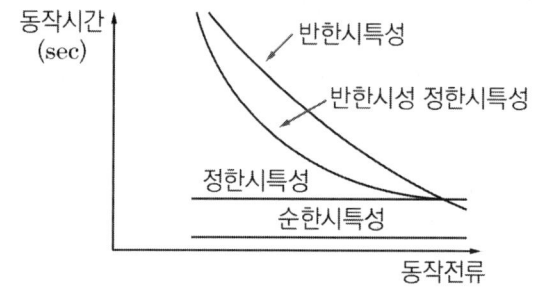

구분	동작시간
순한시 계전기	• 고장 즉시 동작
정한시 계전기	• 고장 후 일정시간이 경과하면 동작
반한시 계전기	• 고장전류가 크면 동작시간이 짧고, 고장전류가 작으면 동작시간이 길어짐
반한시 정한시 계전기	• 고장전류가 적을 시에는 동작시간이 느리고, 고장전류가 클수록 동작시간이 짧음 • 고장전류가 일정값 이상 시 정한시 특성을 지님

4 보호계전기의 용도에 따른 분류

구분	정의
과전류계전기(OCR)	• 일정값 이상의 전류가 흘렀을 때 동작
과전압계전기(OVR)	• 일정값 이상의 전압이 걸렸을 때 동작
부족 전압계전기(UVR)	• 전압이 일정값 이하일 때 지나친 과전류가 흐르지 않게끔 동작
단락 방향계전기(DSR)	• 어느 일정한 방향으로 일정값 이상의 단락전류가 흘렀을 경우 동작
선택 단락계전기(SSR)	• 병행 2회선 송전 선로에서 한 쪽의 1회선에 단락사고가 발생하였을 때 2중 방향 동작 계전기를 사용해서 고장 회선을 선택 차단
거리계전기(ZR)	• 계전기 설치 위치로부터 고장 구간까지의 거리에 비례하여 한시 동작하는 계전기로써, 주로 복잡한 선로의 단락 보호용으로 사용　　암 단거 • 거리 계전기 종류 임피던스형, 옴형, 모형, 오프셋 모형, 리액턴스형
과전류 지락계전기 (OCGR)	• 과전류 계전기의 동작전류를 작게 한 것으로 지락 고장 보호용으로 사용
방향 지락계전기(DGR)	• 과전류 지락 계전기에 방향성을 준 것

구분	정의
선택 지락계전기(SGR)	• 병행 2회선 송전 선로에서 한쪽의 1회선에 지락사고 발생 시 고장 구간을 검출하여 그 회선만 선택 차단하는 계전기
방향 과전류계전기 (DOCR)	• 일정한 방향으로 일정한 크기 이상 단락전류가 흘렀을 때 동작
역상 · 결상계전기	• 3상 결선 변압기의 단상 운전에 의한 소손 방지 목적으로 설치하는 계전기
탈조 보호계전기	• 사고 발생 시 발전기가 계통으로부터 분리되는 것을 방지하기 위한 계전기

예제 10

전압이 일정값 이하로 되었을 때 동작하는 것으로서 단락 시 고장 검출용으로도 사용되는 계전기는?

① OVR   ② OVGR   ③ NSR   ④ UVR

해설 부족 전압계전기(UVR)

부족 전압계전기(UVR) : 일정 전압 이하 시 동작

정답 ④

예제 11

송배전선로에서 선택지락계전기(SGR)의 용도는?

① 다회선에서 접지 고장 회선의 선택
② 단일 회선에서 접지전류의 대소 선택
③ 단일 회선에서 접지전류의 방향 선택
④ 단일 회선에서 접지 사고의 지속 시간 선택

해설 선택접지계전기(SGR)

선택접지계전기(SGR) : 병행 2회선에서 지락고장 회선 선택 차단

정답 ①

5 방사상 선로의 단락 보호

(1) 전원이 1군데 있는 경우 : 과전류계전기(OCR)

(2) 전원이 2군데 이상 있는 경우 : 방향 단락계전기(DSR) + 과전류계전기(OCR)

6 환상 선로의 단락 보호

(1) 전원이 1군데 있는 경우 : 방향 단락계전기(DSR)

(2) 전원이 2군데 이상 있는 경우 : 방향 거리계전기(DZR)

예제 12

전원이 양단에 있는 환상선로의 단락 보호에 사용되는 계전기는?

① 방향거리계전기 ② 부족전압계전기
③ 선택접지계전기 ④ 부족전류계전기

해설 환상 선로 단락 보호계전기

- 전원 1군데일 시 : 방향단락계전기(DSR)
- 전원 2군데일 시 : 방향거리계전기(DZR)

정답 ①

예제 13

전원이 양단에 있는 방사상 송전선로에서 과전류계전기와 조합하여 단락 보호에 사용하는 계전기는?

① 선택지락계전기 ② 방향단락계전기
③ 과전압계전기   ④ 부족전류계전기

해설 방사상 선로 단락 보호계전기

- 전원 1군데일 시 : 과전류계전기(OCR)
- 전원 2군데일 시 : 방향 단락(DSR) · 과전류(OCR) 계전기

정답 ②

7 표시선(Pilot Wire) 계전 방식

(1) 보호해야 할 송전선로의 선택 차단 구간의 양단 간에 표시선을 설치

(2) 발전기 주파수의 신호전류를 흘려 송전선 보호 범위 내의 사고에 대해 위치와 관계없이 고속 차단하는 방식

(3) 표시선 계전 방식 종류
   ① 전류 순환 방식
   ② 전압 방향 방식
   ③ 방향 비교 방식

8 반송 보호계전 방식

(1) 피보호 송전선 양쪽 끝 보호계전기에서 고장 정보를 상호 전송

(2) 고장 검출 신호를 송전선로 양단에서 송·수신하여 차단하기에 고장 구간 선택이 정확하며 보호계전기 동작이 예민하여 오동작 우려가 없는 방식

예제 14

다음 중 전력선 반송 보호계전 방식의 장점이 아닌 것은?

① 저주파 반송전류를 중첩시켜 사용하므로 계통의 신뢰도가 높아진다.
② 고장 구간의 선택이 확실하다.
③ 동작이 예민하다.
④ 고장점이나 계통의 여하에 불구하고 선택차단개소를 동시에 고속도차단할 수 있다.

해설 전력선 반송 보호계전 방식

• 고장 구간 선택이 정확함
• 계전기 동작이 예민하여 오동작 우려 없음

정답 ①

9 변압기 및 발전기의 내부 고장 보호계전기

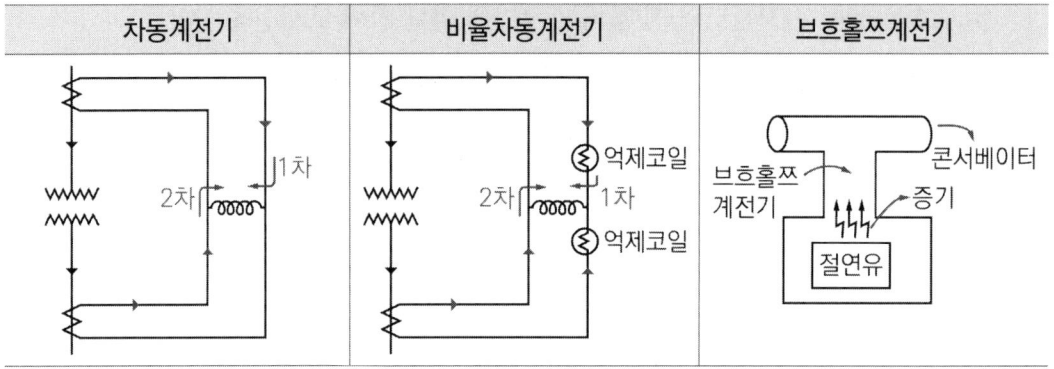

(1) 차동계전기

내부 고장 발생 시 고·저압 측 CT 2차 전류 차에 의하여 동작

(2) 비율차동계전기

내부 고장 발생 시 고·저압 측 CT 2차 측 억제 코일에 흐르는 전류차가 일정 비율 이상이 되었을 때 동작

(3) 브흐홀쯔계전기

변압기 내부 고장으로 인한 절연유의 온도 상승 시 발생하는 유증기를 검출하여 경보 및 차단하는 계전기

예제 15

발전기나 주 변압기의 내부 고장에 대한 보호용으로 가장 적합한 것은?
① 온도계전기 ② 과전류계전기
③ 비율차동계전기 ④ 과전압계전기

해설 비율차동계전기

- 1, 2차 전류 차가 일정 비율 이상 시 동작
- 변압기 및 발전기의 내부 고장 보호

정답 ③

CHAPTER 08 수전설비

01 수전 설비 기기의 종류

1 계기용 변압기(PT)
(1) 고전압을 저전압으로 변성(110 [V])하여 계기, 계전기 전원 공급
(2) 점검 시 2차 측 개방(OPEN)

2 계기용 변류기(CT)
(1) 고전류를 저전류로 변성(5 [A])하여 계기, 계전기 전원 공급
(2) 점검 시 2차 측 단락(CLOSE)

TIP CT의 C는 CLOSE

3 전력 수급용 계기용 변성기(MOF)
(1) 계기용 변압기 + 계기용 변류기[VA]
(2) 전력 수급용 전력량을 측정
(3) 옥내 수전실 또는 옥내 큐비클 등 밀폐된 공간에 설치

예제 01

변성기의 정격 부담을 표시하는 단위는?
① W ② S ③ dyne ④ VA

해설 수전 설비 기기 정격부담의 단위

변성기 정격부담 단위 : VA

정답 ④

4 전력용 Fuse(PF)

(1) 단락전류 차단

(2) 장점
  ① 저렴한 가격
  ② 소형, 경량
  ③ 고속 차단
  ④ 큰 차단 용량
  ⑤ 보수 간단

(3) 단점
  ① 재투입 불가
  ② 과도전류에 용단되기 쉬움
  ③ 동작시간 조정 불가
  ④ 차단 시 과전압 발생

예제 02

배전선로용 퓨즈(Power Fuse)는 주로 어떤 전류의 차단을 목적으로 사용하는가?

① 충전전류   ② 단락전류   ③ 부하전류   ④ 과도전류

해설 전력 퓨즈(PF)
- 단락전류 차단
- 소형으로 차단 용량 큼
- 가격이 저렴하며 보수 간단
- 차단 시 소음 적음

정답 ②

---

5 영상 변류기(ZCT)

(1) 지락사고 시 지락전류(영상전류) 검출

(2) 지락계전기(GR), 선택 지락계전기(SGR) 등을 추가 설치하여 누전회로를 차단

(3) 지락계전기(GR) : 1회선 시, 지락전류 검출하여 차단

(4) 선택 지락계전기(SGR) : 다회선 시, 고장 회선만 선택 차단

예제 03

비접지계통의 지락사고 시 계전기에 영상전류를 공급하기 위하여 설치하는 기기는?

① PT　　　　② CT　　　　③ ZCT　　　　④ GPT

해설 영상변류기(ZCT)

- 지락사고 시 지락전류(영상전류) 검출
- 별도의 차단전류가 필요
- 지락계전기(GR), 선택 지락계전기(SGR) 등 추가 설치

정답 ③

6 단로기(DS)

(1) 무부하 상태 선로 개폐용

(2) 아크 소호장치가 없어 부하전류 차단 곤란

(3) 선로 1차 측에 부착하여 기기의 점검 및 보수 시 회로 분리

(4) 인터록(단로기 ⇆ 차단기)
   ① 정전 : 차단기(CB) 개방 → 단로기(DS) 개방
   ① 급전 : 단로기(DS) 투입 → 차단기(CB) 투입

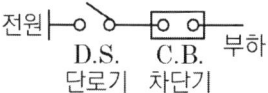

예제 04

그림과 같은 배전선이 있다. 부하에 급전 및 정전할 때 조작 방법으로 옳은 것은?

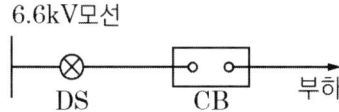

① 급전 및 정전할 때는 항상 DS, CB 순으로 한다.
② 급전 및 정전할 때는 항상 CB, DS 순으로 한다.
③ 급전 시는 DS, CB 순이고, 정전 시는 CB, DS 순이다.
④ 급전 시는 CB, DS 순이고, 정전 시는 DS, CB 순이다.

해설 단로기 및 차단기 인터록 관계

- 투입 : 단로기(DS) → 차단기(CB)
- 개방 : 차단기(CB) → 단로기(DS)

TIP 단로기는 전기가 흐르지 않을 때 투입 및 개방을 해야 한다.

정답 ③

02 CT결선 방법

1 가동접속(V결선)

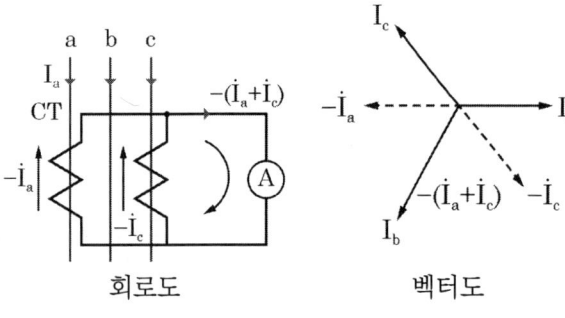

- 2차 전류

$$I_2 = I_1 \times \frac{1}{CT비}$$

- A에 흐르는 전류 : I_b

2 차동접속(교차접속)

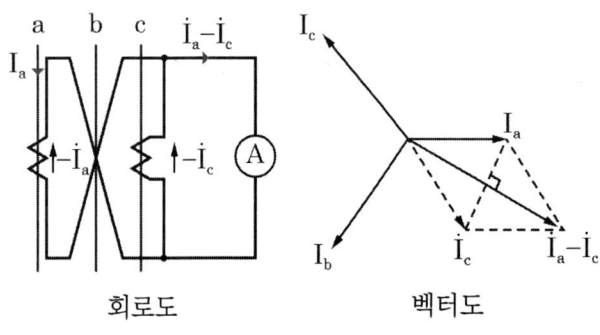

- 2차 전류

$$I_2 = I_1 \times \frac{1}{CT비} \times \sqrt{3}$$

3 Y결선 잔류회로

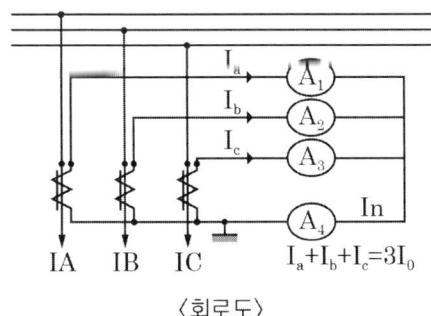

〈회로도〉

- 평형 상태에서 A_4에 흐르는 전류 0
- 지락사고 발생 시 영상전류가 흐름

예제 05

3상으로 표준전압 3 [kV], 800 [kW]를 역률 0.9로 수전하는 공장의 수전회로에 시설할 계기용 변류기의 변류비로 적당한 것은? (단, 변류기의 2차 전류는 5 [A]이며, 여유율은 1.2로 한다)

① 10 ② 20 ③ 30 ④ 40

해설 변류비(a) 계산

- $I_1 = \dfrac{P}{\sqrt{3}\,V\cos\theta} \times 1.2 = \dfrac{800}{\sqrt{3} \times 3 \times 0.9} \times 1.2 = 205.28\,[A]$
- $I_2 = 5\,[A]$

$\therefore a = \dfrac{I_1}{I_2} = \dfrac{205}{5} \fallingdotseq 40$배

정답 ④

---

03 차단기(CB)

1 차단기의 정격

부하전류 및 단락전류 모두 개폐 가능

(1) 용량 선정 계산

$P = \sqrt{3} \times 정격전압 \times 정격차단전류$

(2) 정격차단 시간

트립 코일 여자부터 아크 소호까지의 시간

(3) 동작 책무

　① 연속적으로 반복되는 동작을 일컬음

　② OPEN - t_1 - CLOSE / OPEN - t_2 - CLOSE/OPEN

　③ 대부분 고장은 일시적이기에 t초 후 CLOSE

2 차단기(CB) 종류

(1) 유입차단기(OCB)

　① 소호매질 : 절연유

　② 방음설비 필요 없음

　③ 화재 위험 있음

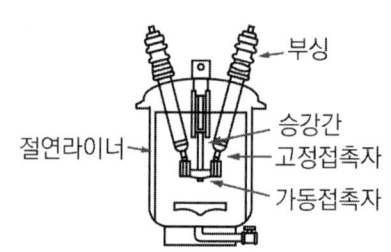

(2) 진공차단기(VCB)

　① 소호매질 : 진공

　② 개폐 이상전압 차단 시 개폐서지가 많이 발생 가장 큼(대책 : 서지흡수기 설치)

　③ 소 내 전력공급용으로 3.3, 6.6, 22.9 [kV]에서 많이 사용

(3) 공기차단기(ABB)

　① 소호매질 : 압축 공기(임펄스차단기) 15 ~ 30 [kg/cm^2]

　② 소음이 큼

　　　　　　　　　　　　　　　　　　　　　ABB의 압(AB)축공기

(4) 가스차단기(GCB)

　① 소호매질 : SF$_6$ 가스

　② SF$_6$ 가스 : 무색, 무취, 무해 가스이며, 소호능력이 공기의 약 100배

　③ 소호 능력, 차단 능력 우수

　④ 난연성(불활성) 가스

　⑤ 154, 345 [kV] 선로 사용

　⑥ 일체형 구조로 소음이 적음

(5) 자기차단기(MBB)

　① 소호매질 : 전자력(주파수의 영향을 받지 않음)

(6) 기중차단기(ACB)

　① 소호매질 : 자연 공기

　② 저압용 차단기

(7) 가스 절연 개폐기(GIS)
    ① 충전부가 대기에 노출되지 않아 신뢰성, 안정성이 우수
    ② 감전사고의 위험이 적음
    ③ 밀폐형으로 배기 소음이 없음
    ④ 소형화가 가능(공기 대신 SF_6 가스 사용)
    ⑤ 보수 점검이 용이

예제 06

충전된 콘덴서의 에너지에 의한 트립되는 방식으로 정류기, 콘덴서 등으로 구성되어 있는 차단기의 트립 방식은?

① 과전류 트립 방식　　　　　　② 콘덴서 트립 방식
③ 직류전압 트립 방식　　　　　④ 부족전압 트립 방식

해설 콘덴서 트립 방식

콘덴서 트립 방식(CTD) : 충전된 콘덴서 에너지에 의하여 트립

정답 ②

CHAPTER 09 배전 방식 및 전기 공급 방식

01 배전선로 구성

(1) 배전선로
   변전소로부터 직접 수용 장소에 이르는 선

(2) 급전선(Feeder)
   변전소와 간선 사이 부하가 접속되어 있지 않은 선

(3) 간선(Main Line)
   ① 급전선에 접속되어 부하로 전력을 공급
   ② 분기선을 통하여 배전하는 선로

(4) 분기선(Branch Line)
   간선으로부터 분기한 선(가지 모양)

(5) 궤전점
   ① 급전선과 분기선의 접속점
   ② 급전선과 간선의 접속점

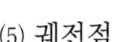

예제 01

배전선로의 용어 중 틀린 것은?
① 궤전점 : 간선과 분기선의 접속점
② 분기선 : 간선으로 분기되는 변압기에 이르는 선로
③ 간선 : 급전선에 접속되어 부하로 전력을 공급하거나 분기선을 통하여 배전하는 선로
④ 급전선 : 배전용 변전소에서 인출되는 배전선로에서 최초의 분기점까지의 전선으로 도중에 부하가 접속되어 있지 않은 선

해설 궤전점

- 급전선과 분기선의 접속점
- 급전선과 간선의 접속점

정답 ①

02 배전 방식

1 수지식(방사상식)

(1) 인출배전선이 부하의 분포에 따라서 나뭇가지 모양으로 분기선을 내는 방식

(2) 장점 : 수요가 증가할 시 간선이나 분기선을 연장

(3) 단점
① 사고 발생 시 다른 계통으로 전환이 불가
② 전압변동 및 전력손실이 크고 플리커현상이 심함

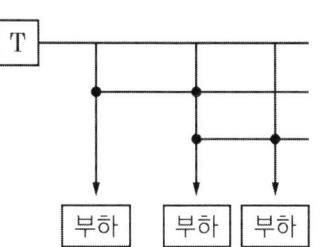

2 환상식(Loop System)

(1) 배전간선이 하나의 환상선으로 구성, 수요에 따라 임의의 각 장소에서 분기선을 끌어서 사용

(2) 장점
① 좌우 양쪽으로 전력이 공급되어 고장이 발생하여도 고장개소를 분리할 수 있음
② 전류의 융통성이 있어, 전력손실과 전압강하가 작고 플리커현상이 감소됨

(3) 단점 : 보호 방식이 복잡하고 설비비가 비쌈

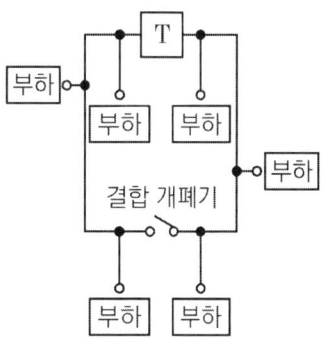

3 망상식(Network System)

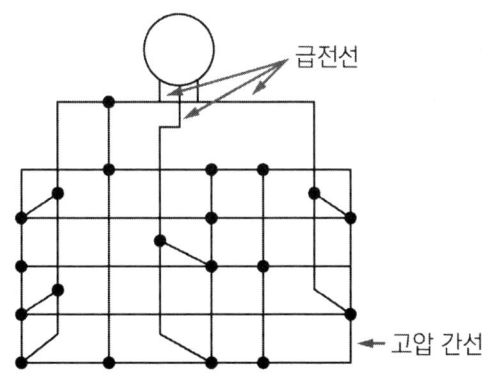

배전 간선을 망상으로 접속하고 이 계통내의 수 개소의 접속점에 급전선을 연결한 것, 무정전 신뢰도가 높음

예제 02

고압 배전선로 구성 방식 중, 고장 시 자동적으로 고장개소의 분리 및 건전선로에 폐로하여 전력을 공급하는 개폐기를 가지며, 수요 분포에 따라 임의의 분기선으로부터 전력을 공급하는 방식은?

① 환상식   ② 망상식   ③ 뱅킹식   ④ 가지식(수지식)

해설 결합 개폐기

결합 개폐기 : 환상식 선로 고장 시 자동 폐로하여 전력 공급

정답 ①

4 방사상 방식

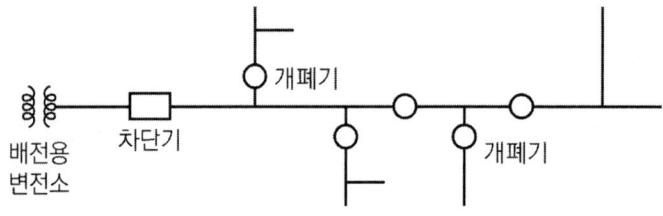

(1) 배전선로를 부하 증설에 따라 간선이나 분기선을 설치하여 구성하는 방식

(2) 장점
  ① 설비가 간단함
  ② 부하증설이 용이함
  ③ 경제적

(3) 단점
  ① 전압변동 및 전력손실이 큼
  ② 사고에 의한 정전범위가 확대되어, 신뢰성이 낮음

5 저압 뱅킹 방식

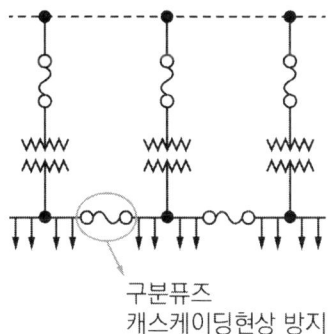

(1) 동일 고압 배전선로에 접속된 2대 이상의 배전용 변압기를 경유하여, 저압 측 간선 병렬 접속하는 방식

(2) 장점
   ① 저압선의 동량 절약, 변압기의 공급전력을 서로 융통시켜 변압기용량을 저감
   ② 전압변동률, 플리커현상이 적고 전력손실이 감소됨
   ③ 부하 증가에 대한 공급 탄력성이 있음

(3) 단점
   ① 캐스케이딩현상이 발생할 수 있음
     • 저압 측에 병렬접속하는 보호접속장치가 적당하지 않으면, 사고 범위가 확대
     • 캐스케이딩현상을 방지하기 위하여, 뱅킹퓨즈나 구분퓨즈를 사용

6 저압 네트워크 방식

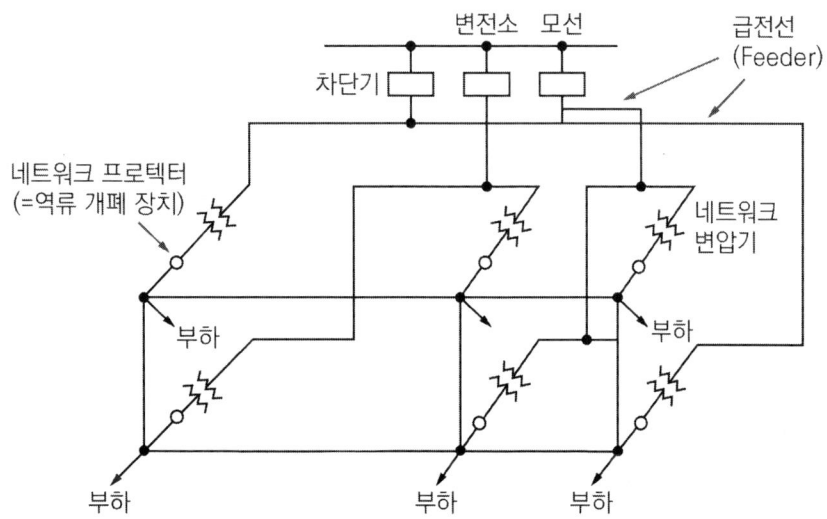

(1) 동일 모선으로 2회선 이상의 급전선으로 전력을 공급하는 방식

(2) 장점
　① 전압변동률, 플리커현상이 적고 전력손실이 최소로 감소됨
　② 무정전 공급이 가능하여 공급신뢰도가 가장 높음
　③ 부하증가에 대한 적응성이 좋음
　④ 기기의 이용률이 향상

(3) 단점
　① 주조가 가장 복잡하고 건설비가 비쌈
　② 인축의 접지사고 증가

예제 03

저압 뱅킹 방식에 대한 설명으로 틀린 것은?
① 전압 동요가 적다.
② 캐스케이딩현상에 의해 고장 확대가 축소된다.
③ 부하 증가에 대해 융통성이 좋다.
④ 고장 보호 방식이 적당할 때 공급 신뢰도는 향상된다.

해설 캐스케이딩(Cascading)

- 변압기 2차 측 일부 고장으로 건전한 변압기 일부 또는 전부 고장 발생
- 캐스케이딩 대책 : 구분 퓨즈

정답 ②

예제 04

네트워크 배전 방식의 설명으로 옳지 않은 것은?
① 전압 변동이 적다.　　　　② 배전 신뢰도가 높다.
③ 전력손실이 감소한다.　　　④ 인축의 접촉 사고가 적어진다.

해설 네트워크 배전 방식

- <u>선로가 복잡해서 인축의 접촉 사고 많음</u>
- 부하 밀집지역에 유리
- 공급 신뢰도 우수

정답 ④

7 전력계통 연계

전력계통 병렬운전을 말하며, 계통 규모가 증대되며 임피던스가 감소

장점	단점
• 계통 전체 신뢰도 증가 • 건설비 및 경비 절감으로 경제 급전 용이 • 부하 변동 작아져 안정된 주파수 유지 가능 • 설비 용량 절감	• 연계설비 신설 • 임피던스 감소하므로 단락용량·전류 증대 • 통신선의 전자유도장해 커짐 • 사고 시 타 계통으로 사고 파급 확대 우려

예제 05

각 전력계통을 연계선으로 상호 연결하면 여러 가지 장점이 있다. 틀린 것은?
① 경계 급전이 용이하다.
② 주파수의 변화가 작아진다.
③ 각 전력계통의 신뢰도가 증가한다.
④ 배후전력(Back Power)이 크기 때문에 고장이 적으며 그 영향의 범위가 작아진다.

해설 전력계통 연계의 장단점

전력계통 연계의 단점 : 사고 시 타 계통으로 파급 확대 우려가 있다.

정답 ④

예제 06

전력계통 연계 시의 특징으로 틀린 것은?
① 단락전류가 감소한다.
② 경제 급전이 용이하다.
③ 공급신뢰도가 향상된다.
④ 사고 시 다른 계통으로의 영향이 파급될 수 있다.

해설 단락전류(I_s)와 %임피던스(%Z)의 관계

$I_s = \dfrac{100}{\%Z} \times I_n$ %Z 감소 I_s 증가   ∴ 전력계통 연계는 병렬연결

정답 ①

03 전기 공급 방식

1 전기 공급 방식별 특징

결선 방식	공급전력	1선당 공급전력	선 전류	단상 2선식 대비 전체 전선 중량비
〈단상 2선식〉	$P_1 = EI$	$\frac{1}{2}EI$	I_1	1
〈단상 3선식〉	$P_2 = 2EI$	$\frac{2}{3}EI$	$I_2 = \frac{1}{2}I_1$ (50 [%])	$\frac{3}{8}$
〈3상 3선식〉	$P_3 = \sqrt{3}\,EI$	$\frac{\sqrt{3}}{3}EI$	$I_3 = \frac{1}{\sqrt{3}}I_1$ (57.7 [%])	$\frac{3}{4}$
〈3상 4선식〉	$P_3 = 3EI$	$\frac{3}{4}EI$	$I_3 = \frac{1}{3}I_1$ (33.3 [%])	$\frac{1}{3}$

2 단상 3선식의 장·단점(단상 2선식 기준)

장점	단점
(1) 전압 및 전류가 일정한 경우 • 1선당 공급전력 1.33배만큼 증가 • 전선 전체 소요량 $\frac{3}{8}$배만큼 감소 (2) 2종류의 전압을 얻을 수 있음 (3) 전압강하 및 전력손실 감소(효율 좋음)	(1) 중성선 단선 시 전압 불평형 발생 (2) 부하 소손 우려가 있어 중성선에 퓨즈를 설치하면 안 됨(대책 : 저압 밸런서 설치)

예제 07

같은 선로와 같은 부하에서 교류 단상 3선식은 단상 2선식에 비하여 전압강하와 배전 효율은 어떻게 되는가?

① 전압강하는 적고, 배전 효율은 높다.   ② 전압강하는 크고, 배전 효율은 낮다.
③ 전압강하는 적고, 배전 효율은 낮다.   ④ 전압강하는 크고, 배전 효율은 높다.

해설 단상 2선식과 단상 3선식의 비교

단상 3선식 장점(단상 2선식 기준) : 전압강하 및 전력손실 감소, 배전 효율 상승

정답 ①

예제 08

3상 3선식에서 전선 한 가닥에 흐르는 전류는 단상 2선식의 경우의 몇 배가 되는가? (단, 송전전력, 부하역률, 송전거리, 전력손실 및 선간전압이 같다)

① $1/\sqrt{3}$ ② $2/3$ ③ $3/4$ ④ $4/9$

해설 3상 3선식과 단상 2선식 전류 관계

- 3상 3선식 유효전력 : $\sqrt{3}\,VI\cos\theta$
- 단상 2선식 유효전력 : $VI\cos\theta$

∴ $I_{단상\,2선식} = \sqrt{3}\,I_{3상\,3선식} = \frac{1}{\sqrt{3}}$배

정답 ①

예제 09

송전전력, 송전거리, 전선로의 전력손실이 일정하고, 같은 재료의 전선을 사용한 경우 단상 2선식에 대한 3상 4선식의 1선당 전력비는 약 얼마인가? (단, 중성선은 외선과 같은 굵기이다)

① 0.7   ② 0.87   ③ 0.94   ④ 1.15

해설 공급 방식별 공급전력비 계산

- 단상 2선식 전력비 $= \frac{1}{2}VI$

- 3상 4선식 전력비 $= \frac{\sqrt{3}}{4}VI$

$$\therefore \frac{3상\ 4선식\ 전력비}{단상\ 2선식\ 전력비} = \frac{\frac{\sqrt{3}}{4}}{\frac{1}{2}} \fallingdotseq 0.87$$

정답 ②

예제 10

배전 전압, 배전 거리 및 전력손실이 같다는 조건에서 단상 2선식 전기 방식의 전선 총 중량을 100[%]라 할 때 3상 3선식 전기 방식은 몇 [%]인가?

① 33.3   ② 37.5   ③ 75.0   ④ 100.0

해설 단상 2선식 대비 전체 전선 중량 비 = 전력손실비(사용 전압 및 전력, 손실 일정)

- 단상 3선식 $\frac{3}{8}$ • 3상 3선식 $\frac{3}{4}$ • 3상 4선식 $\frac{1}{3}$

$$\therefore 3상\ 3선식 : \frac{3}{4} = 75\,[\%]$$

정답 ③

3 전압 n배 승압과 각 요소의 관계

(1) 전력손실(P_l), 전력손실률(K)

① 전력손실 $P_l = I^2R = \left(\frac{P}{V\cos\theta}\right)^2 \times R = \frac{P^2R}{V^2\cos^2\theta}$ $\therefore P_l \propto \frac{1}{V^2},\quad P_l \propto \frac{1}{\cos^2\theta}$

② 전력손실률 $K = \frac{P_l}{P} = \frac{\frac{P^2R}{V^2\cos^2\theta}}{P} = \frac{PR}{V^2\cos^2\theta}$ $\therefore K \propto \frac{1}{V^2}$

(2) 공급전력 (P)

$$K = \frac{PR}{V^2\cos^2\theta}, \qquad P = \frac{KV^2\cos^2\theta}{R} \qquad \therefore P \propto V^2$$

(3) 전선의 단면적 (A)

$$K = \frac{P\rho\ell}{V^2\cos^2\theta A}, \qquad A = \frac{P\rho\ell}{KV^2\cos^2\theta} \qquad \therefore A \propto \frac{1}{V^2}$$

(4) 공급 거리 (ℓ)

$$\ell = \frac{KV^2\cos^2\theta\, A}{P\rho} \qquad \therefore \ell \propto V^2$$

(5) 전압강하(e), 전압강하율(ε)

① 전력 P가 일정할 경우 전압 V는 n배 승압하면 전류 I는 $\frac{1}{n}$배 감소

② 전압강하 $e = IR$, $\quad e_0 = \frac{1}{n}IR = \frac{1}{n}e \quad$ e : 전압강하 $\quad e_0$: n배 승압 시 전압강하

③ 전압강하율 $\varepsilon = \frac{e}{V}, \quad \varepsilon_0 = \frac{\frac{1}{n}e}{nV} = \frac{1}{n^2} \times \frac{e}{V} = \frac{1}{n^2}\varepsilon$

(6) 전압과의 관계 요약

전압의 제곱에 비례($\propto V^2$)	공급전력, 공급 거리
전압에 반비례($\propto \frac{1}{V}$)	전압강하
전압의 제곱에 반비례($\propto \frac{1}{V^2}$)	전력손실, 전력손실률, 전압강하율, 전선 단면적

(7) 전압과 건설비의 관계

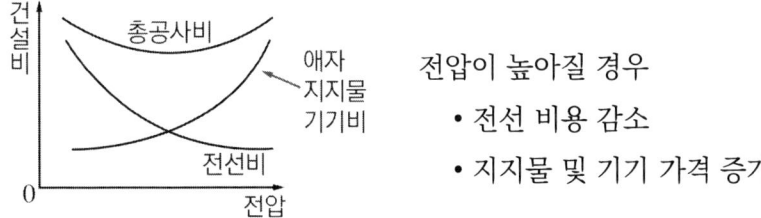

전압이 높아질 경우
- 전선 비용 감소
- 지지물 및 기기 가격 증가

예제 11

송전선로에서 송전전력, 거리, 전력손실율과 전선의 밀도가 일정하다고 할 때 전선 단면적 A [mm^2]는 전압 V [V]와 어떤 관계에 있는가?

① V에 비례한다.
② V^{2}에 비례한다.
③ $\frac{1}{V}$에 비례한다.
④ $\frac{1}{V^2}$에 비례한다.

해설 전압 n배 승압 시 각 전기 요솟값

- 공급전력 $P \propto V^2$
- 전선 굵기 $A \propto \frac{1}{V^2}$
- 전력손실률 $P_l \propto \frac{1}{V^2}$
- 전압강하 $e \propto \frac{1}{V}$
- 전압강하율 $\varepsilon \propto \frac{1}{V^2}$

정답 ④

예제 12

154 [kV] 송전선로의 전압을 345 [kV]로 승압하고 같은 손실률로 송전한다고 가정하면 송전전력은 승압 전의 약 몇 배 정도인가?

① 2　　② 3　　③ 4　　④ 5

해설 전압 n배 승압 시 각 전기 요솟값

- 공급전력 $P \propto V^2$
- 전선 굵기 $A \propto \frac{1}{V^2}$
- 전력손실률 $P_l \propto \frac{1}{V^2}$
- 전압강하 $e \propto \frac{1}{V}$
- 전압강하율 $\varepsilon \propto \frac{1}{V^2}$

∴ 154 ➔ 345 [kV] 승압 시 $(\frac{345}{154})^2 ≒ 5$배

정답 ④

예제 13

동일한 전압에서 동일한 전력을 송전할 때 역률을 0.7에서 0.95로 개선하면 전력손실은 개선 전에 비해 약 몇 [%]인가?

① 80　　　　② 65　　　　③ 54　　　　④ 40

해설 역률 개선 전·후 전력손실(P_l)의 비

$$P_l \propto \frac{1}{\cos^2\theta}$$

$$\therefore \frac{P_{l2}}{P_{l1}} = \left(\frac{\cos\theta_1}{\cos\theta_2}\right)^2 = \left(\frac{0.7}{0.95}\right)^2 ≒ 0.54\,[\%]$$

정답 ③

4 전원 종류별 송중배전 방식 특징

(1) 교류 송전 방식 특징
   ① 변압기를 이용한 전압 크기 변환이 용이
   ② 대부분의 부하는 교류 방식으로 경제적 운용이 가능
   ③ 3상 교류 방식에서 회전자계를 쉽게 얻을 수 있음
   ④ 고전압, 대전류의 차단이 용이

(2) 직류 송전 방식 특징
   ① 절연 계급을 낮출 수 있음
   ② 송전 효율이 좋음
   ③ 안정도가 좋음
   ④ 비동기 연계가 가능
   ⑤ 변환, 역변환 장치가 필요하므로 설비가 복잡(컨버터, 인버터 등)
   ⑥ 전력 변환기에서 고조파가 발생

예제 14

교류 송전 방식과 비교하여 직류 송전 방식의 설명이 아닌 것은?

① 전압 변동률이 양호하고 무효전력에 기인하는 전력손실이 생기지 않는다.
② 안정도의 한계가 없으므로 송전용량을 높일 수 있다.
③ 전력 변환기에서 고조파가 발생한다.
④ 고전압, 대전류의 차단이 용이하다.

해설 직류 송전 방식의 특징

- 역률이 항상 1이다.
- 비동기 연계가 가능한 장점이 있다.
- 선로의 리액턴스가 없으므로 안정도가 높음
- 회전자계를 얻기 힘듦(변압 어려움)
- <u>영점이 없어 고전압, 대전류 차단 어려움</u>

정답 ④

예제 15

직류 송전 방식에 대한 설명으로 틀린 것은?

① 선로의 절연이 교류 방식보다 용이하다.
② 리액턴스 또는 위상각에 대해서 고려할 필요가 없다.
③ 케이블 송전일 경우 유전손이 없기 때문에 교류 방식보다 유리하다.
④ 비동기 연계가 불가능하므로 주파수가 다른 계통 간의 연계가 불가능하다.

해설 직류 송전 방식의 특징

- 역률이 항상 1이다.
- <u>비동기 연계가 가능한 장점이 있다.</u>
- 선로의 리액턴스가 없으므로 안정도가 높음
- 회전자계를 얻기 힘듦(변압 어려움)
- 영점이 없어 고전압, 대전류 차단 어려움

정답 ④

CHAPTER 10 배전선로의 부하특성 및 운용

01 배전선로 전압강하

부하 및 임피던스 위치	전력손실	전압강하
말단집중 부하	$I^2 r \ell$	$I r \ell$
균등분산 부하	$\dfrac{1}{3} I^2 r \ell$	$\dfrac{1}{2} I r \ell$

말단에 부하가 몰린 배전보다 균등하게 부하가 분배된 경우가 전력손실은 1/3, 전압강하는 1/2만큼 줄어듦

02 부하특성

1 수용률

(1) 변압기 용량과 그 변압기에서 동시에 사용할 수 있는 최대 전력량 비

(2) 수용률 계산

$$수용률 = \frac{최대수용전력}{설비용량} \times 100 \, [\%]$$

예제 01

어느 수용가의 부하설비는 전등설비가 500 [W], 전열설비가 600 [W], 전동기 설비가 400 [W], 기타설비가 100 [W]이다. 이 수용가의 최대수용전력이 1200 [W]이면 수용률은 몇 [%]인가?

① 55   ② 65   ③ 75   ④ 85

해설 수용률 계산

$$수용률 = \frac{최대\ 전력}{설비\ 용량} \times 100 = \frac{1200}{500+600+400+100} \times 100 = 75\,[\%]$$

암 수최설

정답 ③

2 부등률

(1) 동시간대 변압기에서 사용하는 합성 전력과 각 시간별 최대수용전력 합의 비

(2) 부등률 계산

$$부등률 = \frac{각\ 수용가의\ 최대수용전력의\ 합}{합성\ 최대수용전력\ (동시간대)} \geq 1$$

암 등각최합

TIP 부등률은 항상 1 이상

(3) 변압기 용량 [kVA] = $\dfrac{각\ 수용가의\ 최대수용전력의\ 합}{부등률 \times 역률\ (\times 효율)}$

예제 02

설비용량이 360 [kW], 수용률 0.8, 부등률 1.2일 때 최대수용전력은 몇 [kW]인가?

① 120   ② 240   ③ 360   ④ 480

해설 합성 최대수용전력 계산

- 최대 수용 전력 = 설비 용량 × 수용률 = 360 × 0.8 = 288 [kW]
- 부등률 = $\dfrac{각\ 수용가의\ 최대수용전력\ 합}{합성\ 최대\ 수용\ 전력}$
- $1.2 = \dfrac{288}{x}$ ∴ $x = 240\,[kW]$

암 등각최합

정답 ②

3 부하율

(1) 어떤 임의의 기간 중 최대 수용전력에 대한 평균 수용 전력의 비

(2) 부하율 계산

$$부하율 = \frac{평균수용전력}{최대수용전력} \times 100\,[\%] \qquad 평균수용전력 = \frac{전력량\,[kWh]}{기준시간\,[h]}$$

(3) 임의 기간별 부하율 계산

일 부하율	일 부하율 = $\dfrac{전력량/24}{일\ 최대전력}$ = $\dfrac{전력량}{24 \times 일\ 최대전력}$
월 부하율	월 부하율 = $\dfrac{전력량/(30 \times 24)}{월\ 최대전력}$ = $\dfrac{전력량}{30 \times 24 \times 월\ 최대전력}$
연 부하율	연 부하율 = $\dfrac{전력량/(365 \times 24)}{연\ 최대전력}$ = $\dfrac{전력량}{365 \times 24 \times 연\ 최대전력}$

(4) 부하율은 부등률에 비례하고 수용률에 반비례

예제 03

최대수용전력이 45×10^3 [kW]인 공장의 어느 하루의 소비 전력량이 480×10^3 [kWh]라고 한다. 하루의 부하율은 몇 [%]인가?

① 22.2　　② 33.3　　③ 44.4　　④ 66.6

해설 부하율 계산 [%]

$$부하율 = \frac{평균수용전력}{최대수용전력} \times 100\% = \frac{48 \times 10^3 / 24}{45 \times 10^3} \times 100 = 44.4$$

암기 부평최

정답 ③

---

4 손실계수

(1) 어떤 임의의 기간 중의 최대손실전력에 대한 평균손실전력의 비

(2) 손실계수 계산

$$손실계수 = \frac{평균손실전력}{최대손실전력}$$

(3) 부하율(F)과 손실계수(H)의 관계

$1 \geq F \geq H \geq F^2 \geq 0$,　　$H = \alpha F + (1-a)F^2$　　　　　α : 부하율 F에 따른 계수

03 배전선로의 전압조정

1 모선전압조정

(1) 유도전압조정기

(2) 부하 시 탭 절환 변압기

2 선로전압조정

(1) 선로전압강하 보상기(LDC : Line Drop Compensantor)

(2) 직렬 콘덴서

(3) 승압기

(4) 주변압기의 탭 조정

3 단권변압기(승압기)

(1) 고압 측 전압(E_2)　　$E_2 = e_1 + e_2 = E_1 + \dfrac{e_2}{e_1}E_1 = E_1\left(1 + \dfrac{1}{a}\right)$

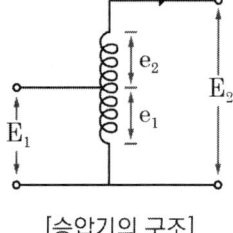

[승압기의 구조]

(2) 승압기 용량(자기용량) 계산

① $\dfrac{\text{부하용량}}{\text{자기용량}} = \dfrac{\text{고압}}{\text{고압} - \text{저압}} = \dfrac{E_2}{E_2 - E_1} = \dfrac{E_2}{e_2}$

② 부하용량 $= \dfrac{E_2}{E_2 - E_1} \times$ 자기용량 $= \dfrac{E_2}{e_2} \times$ 자기용량

(3) 단권변압기의 특징

① 중량이 가벼움

② 동손의 감소에 따른 효율이 높음

③ 전압 변동률이 작음

④ 누설임피던스가 작으므로 단락전류가 증가함

예제 04

승압기에 의하여 전압 V_e에서 V_h로 승압할 때 2차 정격전압 e, 자기용량 W인 단상 승압기가 공급할 수 있는 부하 용량은?

① $\dfrac{V_h}{e} \times W$ ② $\dfrac{V_e}{e} \times W$

③ $\dfrac{V_e}{V_h - V_e} \times W$ ④ $\dfrac{V_h - V_e}{V_e} \times W$

해설 단상 승압기 부하 용량 계산

- $\dfrac{\text{자기용량}}{\text{부하용량}} = \dfrac{V_h - V_e}{V_h} = \dfrac{e}{V_h}$
- 부하용량 $= \dfrac{V_h}{e} \times$ 자기용량   ∴ $\dfrac{V_h}{e} \times W$

정답 ①

예제 05

단상 승압기 1대를 사용하여 승압할 경우 승압 전의 전압을 E_1 하면 승압 후의 전압 E_2는 어떻게 되는가? (단, 승압기의 변압비는 $\dfrac{\text{전원측전압}}{\text{부하측전압}} = \dfrac{e_1}{e_2}$ 이다)

① $E_2 = E_1 + e_1 E_1$ ② $E_2 = E_1 + e_2$

③ $E_2 = E_1 + \dfrac{e_2}{e_1} E_1$ ④ $E_2 = E_1 + \dfrac{e_1}{e_2} E_1$

해설 승압 후 전압 계산

$$E_2 = E_1 + \dfrac{e_2}{e_1} E_1 [V]$$

정답 ③

예제 06

단상 교류회로에 3150/210 [V]의 승압기를 80 [kW], 역률 0.8인 부하에 접속하여 전압을 상승시키는 경우 약 몇 [kVA]의 승압기를 사용하여야 적당한가? (단, 전원전압은 2900 [V]이다)

① 3.6   ② 5.5   ③ 6.8   ④ 10

해설 승압기 용량 계산

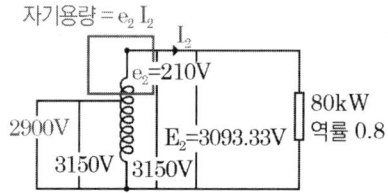

- 승압 후 전압(E_2)

$$E_2 = E_1\left(1 + \frac{1}{a}\right) = 2900\left(1 + \frac{210}{3150}\right) = 3093.33 \, [V]$$

- $I_2 = \dfrac{P}{E_2} = \dfrac{80 \times 10^3 / 0.8}{3093.33} = 32.33 [A]$

- 부하용량 = $E_2 I_2$
- 자기용량 = $e_2 I_2$

∴ $210 \times 32.33 ≒ 6.8 \, [kVA]$

정답 ③

04 이상현상

1 플리커현상

(1) 불규칙한 부하의 변동에 의해 조명이 깜빡이는 등의 현상

(2) 전력 공급 측 플리커 방지 대책
  ① 전용 계통으로 공급
  ② 단락 용량이 큰 계통에서 공급
  ③ 전용 변압기로 공급
  ④ 공급 전압을 승압

(3) 수용가 측 플리커 방지 대책
  ① 전원계통에 리액턴스 보상하는 방법
    • 직렬 콘덴서 방식
    • 3권선 보상 변압기 방식 사용
  ② 전압강하 보상하는 방법
    • 부스터 방식
    • 상호 보상리액터 방식

③ 부하의 무효전력 변동분 흡수하는 방법
- 동기 조상기와 리액터 방식
- 사이리스터 이용 콘덴서 개폐 방식

④ 플리커 부하전류 변동분 억제하는 방법
- 직렬리액터 방식
- 직렬리액터 가포화 방식

2 고조파

(1) 정현파 교류 파형이 왜곡되어 왜형파가 되는 것

(2) 고조파 경감 대책
① 직렬리액터 삽입 및 용량 증가
② 교류 필터의 설치
③ 기기 자체의 고조파 내량을 강화

예제 07

플리커 경감을 위한 전력 공급 측의 방안이 아닌 것은?

① 공급전압을 낮춘다.   ② 전용 변압기로 공급한다.
③ 단독 공급계통을 구성한다.   ④ 단락 용량이 큰 계통에서 공급한다.

해설 플리커현상

(1) 불규칙한 부하 변동에 의해 조명이 깜빡이는 등의 현상
(2) 전력 공급 측 플리커 방지 대책
- 전용 계통으로 공급
- 단락 용량이 큰 계통에서 공급
- 전용 변압기로 공급
- 공급 전압 승압

정답 ①

예제 08

송전선로에서 고조파 제거 방법이 아닌 것은?

① 변압기를 △결선한다.   ② 유도전압 조정장치를 설치한다.
③ 무효전력 보상장치를 설치한다.   ④ 능동형 필터를 설치한다.

해설 유도전압 조정장치

배전선로의 모선 전압 조정 장치로 고조파 제거와는 무관하다.

정답 ②

05 보호설비

1 전력회사 측 배전선로 보호설비

(1) 리클로저(Recloser : RC, 자동 재폐로차단기)
   ① 고장전류 차단 능력이 있어 섹셔널라이져와 함께 사용
   ② 반드시 섹셔널라이저 뒤쪽에 설치되어야 함

(2) 섹셔널라이저(Sectionalizer : SE, 자동 선로 구분 개폐기)
   ① 부하 측 사고 발생 시 사고 횟수를 감지하여 선로를 개방 및 분리하는 자동 구간 개폐기 장치
   ② 고장전류 차단 능력이 없어 리클로저와 함께 사용

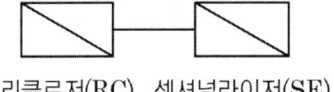

리클로저(RC)   섹셔널라이저(SE)

〈순서도 RC → SE〉

예제 09

공통 중성선 다중 접지 방식의 배전선로에서 Recloser (R), Sectionalizer (S), Line Fuse (F)의 보호협조가 가장 적합한 배열은? (단, 보호협조는 변전소를 기준으로 한다)

① S - F - R   ② S - R - F   ③ F - S - R   ④ R - S - F

해설 보호협조 배열

리클로저(R) - 섹셔널라이저(S)

정답 ④

예제 10

송전선로의 후비 보호계전 방식의 설명으로 틀린 것은?

① 주 보호계전기가 그 어떤 이유로 정지해 있는 구간의 사고를 보호한다.
② 주 보호계전기에 결함이 있어 정상 동작을 할 수 없는 상태에 있는 구간 사고를 보호한다.
③ 차단기 사고 등 주 보호계전기로 보호할 수 없는 장소의 사고를 보호한다.
④ 후비 보호계전기의 정정값은 주 보호계전기와 동일하다.

해설 후비 보호계전기

주 보호계전기보다 느리게 동작하도록 정정

정답 ④

2 일반 수용가 배전선로 보호설비

(1) 자동 고장 구간 개폐기(ASS : Automatic Section Switch)
  ① 과부하나 지락사고 발생 시 고장 구간 차단 및 고장 구간을 분리
  ② 22.9 [kV] 특고압 수용가 인입구 등에서 사용

(2) 자동 부하 전환 개폐기(ALTS : Auto Lord Transfer Switch)
  22.9 [kV] 가공 배전선로 정전 사고 시 예비전원 선로로 자동 전환해 주는 개폐기

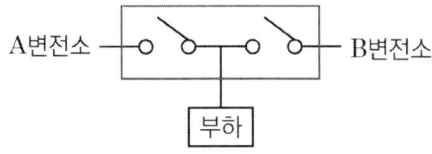

〈자동 부하 전환 개폐기〉

(3) 컷아웃스위치(COS : Cut Out Switch)

주상 변압기의 1차 측(고압)에 취부하는 퓨즈로서, 주상 변압기 보호 및 선로 개폐용으로 사용

(4) 캐치홀더(Catch Holder)

주상 변압기의 2차 측(저압)에 취부하는 퓨즈로서, 수용가에 과전류의 유입을 방지

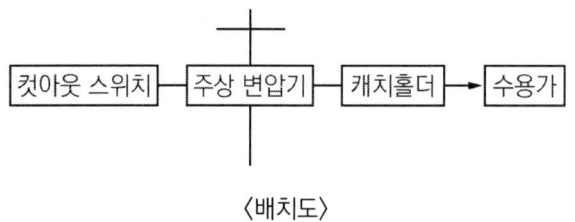

〈배치도〉

3 폐쇄 배전반

금속제 큐비클 내 회로의 모선, 단로기, 차단기, 변성기의 주 장치를 내장하여 이를 감시 제어하는 계기, 조작 스위치, 계전기 등을 조합시킨 개폐 장치로써, 감전을 방지해 주고 사람에 대한 안전을 위해 사용

CHAPTER 11 수력발전

01 수력발전소 구성도

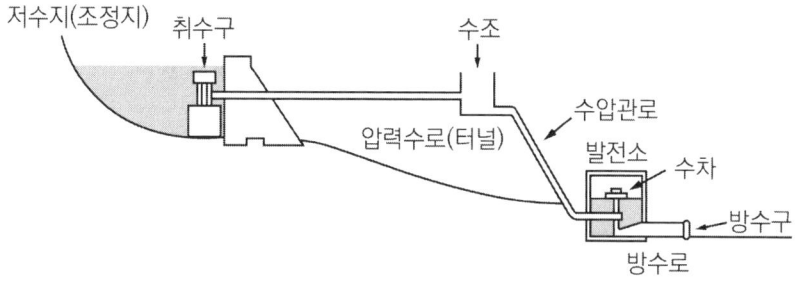

하천 등으로부터 물을 취수하여 물이 갖고 있는 위치에너지를 이용하여 수차(운동에너지)로 터빈을 가동시켜 전기에너지 생산

02 수력발전 구성 설비

1 취수구

(1) 댐에 저장한 물을 수로에 도입하기 위한 구조물

(2) 취수구의 부속 설비

　① 제수문 : 유량 조절　　　　　　② 스크린 : 오물 제거

2 수로

취수구로부터 유입된 물을 수조에 도입하기 위한 설비

3 수조 (상수조, 조압수조)

(1) 상수조

　① 유하(흘러내리는)토사의 최종적인 침전과 부하 변동에 대한 수차의 사용 유량의 과부족을 조정하는 역할

　② 최대사용수량의 1 ~ 2분 정도를 보상할 수 있는 정도로 함

(2) 조압수조

① 유량 조절 및 수격 작용 완화 또는 흡수하여 압력 수로와 수압관을 보호
- 수격작용
  출력밸브를 잠가 출력 제어 시, 밸브를 닫으면 관로 내 물(압력 높음)이 역류하여 수로에 충격을 주는 현상

② 조압수조 종류
- 단동서지 탱크
- 차동서지 탱크
- 수실서지 탱크
- 제수공서지 탱크

4 수차

물의 압력을 받아 터빈을 가동시키는 설비

5 수력발전 출력(P)

$P = 9.8 QH\eta$ Q : 유량 [m³/s] H : 낙차 [m] η : 효율

예제 01

유효낙차 50 [m], 최대사용수량 20 [m³/s], 수차효율 87 [%], 발전기 효율 97 [%]인 수력발전소의 최대 출력은 몇 [kW]인가?

① 7570 ② 8070 ③ 8270 ④ 8570

해설 수력발전소 출력(P) 계산

$P = 9.8 QH\eta_t\eta_g = 9.8 \times 20 \times 50 \times 0.87 \times 0.97 = 8270$ [kW]

정답 ③

03 수차

1 수차의 종류

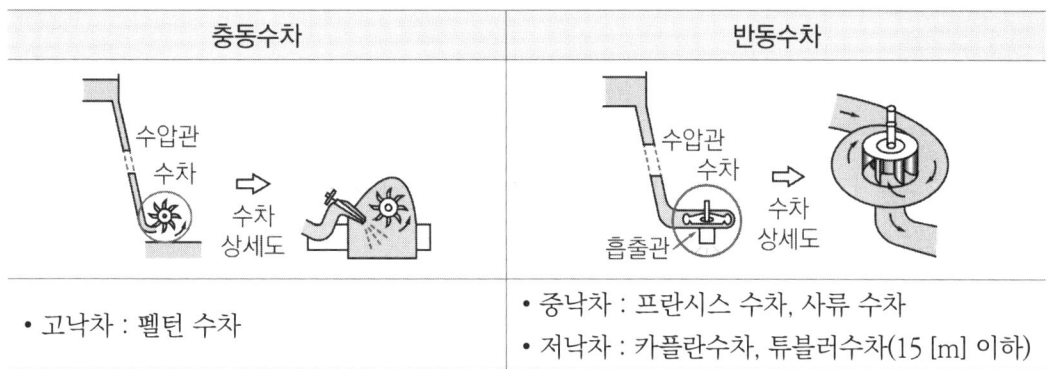

충동수차	반동수차
• 고낙차 : 펠턴 수차	• 중낙차 : 프란시스 수차, 사류 수차 • 저낙차 : 카플란수차, 튜블러수차(15 [m] 이하)

TIP 흡출관 : 유효낙차를 늘려 발전효율을 높힘(반동수차에만 적용되는 설비)

2 수차의 특유속도(N_s)

(1) 실제 수차와 기하학적으로 비례하는 수차를 1 [m] 낙차에서 1 [kW]의 출력을 내기 위해 필요한 수차의 1분 간 회전수

(2) 각 수차들을 비교하기 위하여 계산

예 특유속도가 높다 : 동일한 출력을 내기 위해 수차가 더 많이 회전해야 함

(3) $N_s = N \dfrac{P^{\frac{1}{2}}}{H^{\frac{5}{4}}}$

(4) 수차별 특유속도 한계

종류	특유속도
펠턴	$12 \leq N_s \leq 23$
프란시스	$N_s \leq \dfrac{20000}{H+20} + 30 \ (45 \sim 350 \, [rpm])$
사류 수차	$N_s \leq \dfrac{20000}{H+20} + 40 \ (150 \sim 250 \, [rpm])$
카플란	$N_s \leq \dfrac{20000}{H+20} + 50 \ (350 \sim 800 \, [rpm])$

TIP 분모 H+20 고정
분자값만 암기

3 수차의 무구속 속도 크기

(1) 무구속 속도

수차가 정격출력으로 운전 중 갑자기 무부하가 됐을 때 상승할 수 있는 최고 속도

(2) 카플란 > 사류 > 프란시스 > 펠턴

예제 02

수력발전소에서 사용되는 수차 중 15 [m] 이하의 저낙차에 적합하여 조력발전용으로 알맞은 수차는?

① 카플란 수차   ② 펠톤 수차
③ 프란시스 수차   ④ 튜블러 수차

해설 튜블러 수차

15 [m] 이하 저낙차용으로 조력발전소에서 쓰임

정답 ④

예제 03

반동수차의 일종으로 주요 부분은 러너, 안내 날개, 스피드링 및 흡출관 등으로 되어 있으며 50 ~ 500 [m] 정도의 중낙차 발전소에 사용되는 수차는?

① 카플란 수차   ② 프란시스 수차
③ 펠턴 수차   ④ 튜블러 수차

해설 수차의 종류

- 고낙차 : 펠톤 수차
- 중낙차 : 프란시스·프로펠러 수차
- 저낙차 : 카플란·튜블러 수차

암 고펠 / 중프 / 저카투

정답 ②

---

4 수차의 낙차 변화와 회전수, 유량, 출력의 관계식

회전수	유량	출력
$\dfrac{N_2}{N_1} = \left(\dfrac{H_2}{H_1}\right)^{\frac{1}{2}}$	$\dfrac{Q_2}{Q_1} = \left(\dfrac{H_2}{H_1}\right)^{\frac{1}{2}}$	$\dfrac{P_2}{P_1} = \left(\dfrac{H_2}{H_1}\right)^{\frac{3}{2}}$

예제 04

낙차 350 [m], 회전수 600 [rpm]인 수차를 325 [m]의 낙차에서 사용할 때의 회전수는 약 몇 [rpm]인가?

① 500   ② 560   ③ 580   ④ 600

해설 회전수(N)와 낙차(H)의 관계식

$$\frac{N_2}{N_1} = \left(\frac{H_2}{H_1}\right)^{\frac{1}{2}} = \frac{x}{600} \times \left(\frac{325}{350}\right)^{\frac{1}{2}} \qquad \therefore x \fallingdotseq 580\,[rpm]$$

정답 ③

예제 05

출력 5000 [kW], 유효낙차 50 [m]인 수차에서 안내 날개의 개방상태나 효율의 변화 없이 일정할 때 유효낙차가 5 [m] 줄었을 경우 출력은 약 몇 [kW]인가?

① 4000   ② 4270   ③ 4500   ④ 4740

해설 출력(P)과 유효낙차(H)의 관계식

$$\frac{P_2}{P_1} \times \left(\frac{H_2}{H_1}\right)^{\frac{3}{2}} = \frac{x}{5000} \times \left(\frac{45}{50}\right)^{\frac{3}{2}} \qquad \therefore x \fallingdotseq 4270\,[kW]$$

정답 ②

04 수력발전의 종류

1 수력발전의 분류

운용 방법에 의한 분류	낙차에 따른 분류
• 자류식 • 저수지식 • 조정지식 • 양수식	• 수로식 발전소 • 댐 발전소 • 댐 수로식 발전소 • 유역 변경식 발전소

2 양수발전

(1) 낮은 곳에 있는 물을 높은 곳으로 퍼 올렸다가 첨두부하 시에 양수된 물로 발전

(2) 심야 경부하 시 발전 단가가 낮은 잉여 전력을 사용

(3) 연간 발전 비용이 감소

(4) 양수 발전기 출력식은 전기를 발전시키는 것이 아닌 '양수 펌프가 얼마나 물을 퍼 올리는지'이기 때문에 효율을 나누어줌

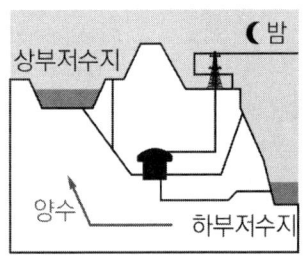

양수 발전기의 출력식 $P = \dfrac{9.8QH}{\eta_p \eta_m}$

$Q\,[m^3/s]$: 펌프의 양수량 $H\,[m]$: 양정
η_m : 전동기 효율 η_p : 펌프 효율

예제 06

출력 20 [kW]의 전동기로서 총 양정 10 m, 펌프효율 0.75일 때 양수량은 몇 [m³/min]인가?

① 9.18   ② 9.85   ③ 10.31   ④ 11.02

해설 양수량(Q) 계산

- $P = \dfrac{9.8QH}{\eta}\,[kW]$
- $Q = \dfrac{P\eta}{9.8H} = \dfrac{20 \times 0.75}{9.8 \times 10} = 0.153\,[m^3/\text{sec}]$

$\therefore 0.153\,[m^3/\text{sec}] \times 60 = 9.18\,[m^3/\text{min}]$

정답 ①

예제 07

양수발전의 주된 목적으로 옳은 것은?

① 연간 발전량을 늘이기 위하여
② 연간 평균 손실 전력을 줄이기 위하여
③ 연간 발전 비용을 줄이기 위하여
④ 연간 수력발전량을 늘이기 위하여

해설 양수발전

- 심야 경부하 시 발전 단가 낮은 잉여 전력 사용
- 낮은 곳에 있는 물을 높은 곳으로 퍼 올렸다가 첨두부하 시 발전에 사용
- 연간 발전 비용 감소

정답 ③

05 수력학

1 수두

(1) 물이 갖고 있는 에너지를 물기둥의 높이로 환산한 것(낙차)

(2) 위치 수두 : $H \propto P$

(3) 압력수두 : $H_P = \dfrac{P}{W} = \dfrac{P}{1,000}\,[m]$

W : 물 단위 체적당 중량 $[kg/m^3]$ P : 압력에너지 $[kg/m^2]$

(4) 속도수두

① $mgh = \dfrac{1}{2}mv^2$, $h = \dfrac{v^2}{2g}$

m : 질량   g : 중력가속도   h : 높이 v : 물의 분출 속도

② 물의 분출 속도 $v = k\sqrt{2gH}\,[m/s]$ (k : 유출계수)

2 베르누이의 정리(에너지 불변의 법칙)

유체에 있어서 운동에너지, 위치에너지, 압력에너지의 총합

3 연속의 정리

임의의 두 지점을 통과하는 물의 유량은 서로 동일

$A_1 v_1 = A_2 v_2 = Q \,(\text{일정})$

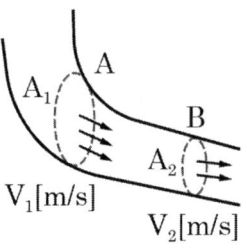

예제 08

유효낙차 400 [m]의 수력발전소에서 펠턴수차의 노즐에서 분출하는 물의 속도를 이론값의 0.95배로 한다면 물의 분출속도는 약 몇 [m/s]인가?

① 42.3   ② 59.5   ③ 62.6   ④ 84.1

해설 물 분출 속도(v) 계산

$$h = \frac{v^2}{2g}$$

$\therefore v = k\sqrt{2gH} = 0.95\sqrt{2 \times 9.8 \times 400} \fallingdotseq 84.1\,[m/s]$

TIP k = 0.95배

정답 ④

예제 09

그림과 같이 "수류가 고체에 둘러싸여 있고 A로부터 유입되는 수량과 B로부터 유출되는 수량이 같다"고 하는 이론은?

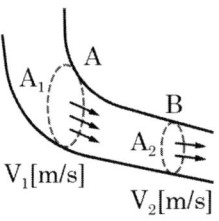

① 수두이론   ② 연속의 원리
③ 베르누이의 정리   ④ 토리첼리의 정리

해설 연속의 정리

  $A_1 V_1 = A_2 V_2 = Q$(일정)

정답 ②

06 기타 부속설비 및 용어 정리

1 흡출관
(1) 반동수차에만 적용되는 설비

(2) 유효낙차를 늘려주어 압력이 더 커지기에 발전 효율을 높일 수 있음

(3) 흡출관 높이를 기준 높이보다 높일 시 캐비테이션현상이 발생

2 캐비테이션(공동)현상
(1) 수차 내에 유체 속도가 빨라지면 압력이 낮아져 수차 안에 기포가 발생

(2) 수차 진동 및 부식이 발생하여 발전 출력 및 효율이 저하

(3) 캐비테이션현상 대책
   ① 비속도(특유속도) 크게 잡지 말 것
   ② 러너 표면을 미끄럽게 가공할 것
   ③ 과부하 운전하지 말 것
   ④ 흡출수두를 작게 할 것

3 조속기
(1) 출력 증감과 관계없이 수차 회전수를 일정하게 유지하기 위하여 출력 변화에 따라 수차 유량을 자동으로 조절할 수 있게 한 장치

(2) 조속기가 예민할 시 난조현상(소음과 진동) 발생, 더 나아가 탈조(이탈)현상 발생

(3) 난조현상 대책 : 제동권선

암 조예난제

예제 10

수차의 캐비테이션 방지책으로 틀린 것은?

① 흡출수두를 증대시킨다.
② 과부화 운전을 가능한 한 피한다.
③ 수차의 비속도를 너무 크게 잡지 않는다.
④ 침식에 강한 금속재료로 러너를 제작한다.

> **해설** 캐비테이션 방지책
> - 비속도(특유속도) 크게 잡지 말 것
> - 과부하 운전을 하지 말 것
> - 러너 표면을 미끄럽게 가공할 것
> - 흡출수두를 작게 할 것
>
> 정답 ①

07 하천유량 및 유량 측정

1 유량도 및 유황곡선

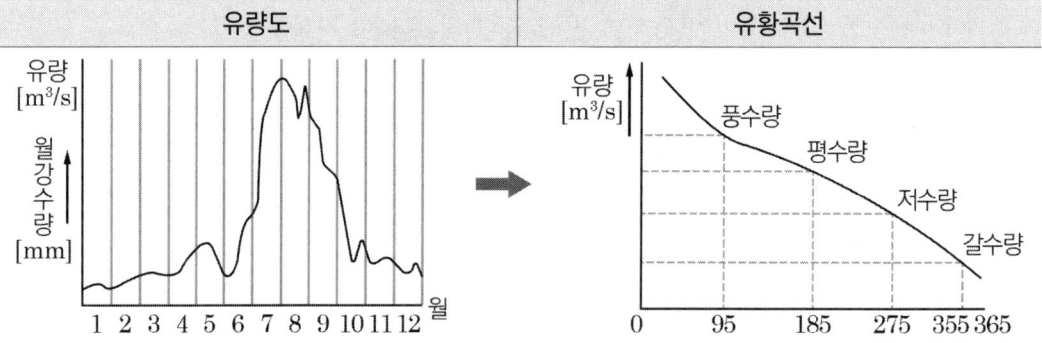

유량도	유황곡선
가로축 : 1년(365일) 날짜순 세로축 : 하천 유량 크기	가로축 : 1년(365일) 날짜순 세로축 : 하천 유량 크기순 배치 유황곡선의 유량 크기(365일 기준) 다음 유량 이하로 내려가지 않는 유량 • 갈수량 : 355일 • 저수량 : 275일 • 평수량 : 185일 • 풍수량 : 95일 암 갈3저2평1풍9 • 고수량 : 매년 한두번 발생하는 유량 • 홍수량 : 3 ~ 5년에 한 번씩 발생하는 유량

2 적산유량곡선

(1) 매일 수량을 차례로 적산하여 그린 곡선으로, 가로축은 일수를 세로축은 적산수량을 그린 곡선

(2) 댐의 설계 및 저수지의 용량 결정에 사용

예제 11

유역면적 80 [km^2], 유효낙차 30 [m], 연간 강우량 1500 [mm]의 수력발전소에서 그 강우량의 70[%]만 이용하면 연간 발전 전력량은 몇 [kWh]인가? (단, 종합효율은 80 [%]이다)

① 5.49 × 10^7
② 1.98 × 10^7
③ 5.49 × 10^6
④ 1.98 × 10^6

해설 수력발전 전력량(W) 계산

$$W = 9.8QH\eta \times T = 9.8 \times \left(\frac{80 \times 10^6 \times 1500 \times 10^{-3}}{365 \times 24 \times 60 \times 60} \times 0.7\right) \times 30 \times 0.8 \times 365 \times 24$$
$$= 5.49 \times 10^6 \, [kWh]$$

정답 ③

CHAPTER 12 화력발전

01 화력발전소 구성도

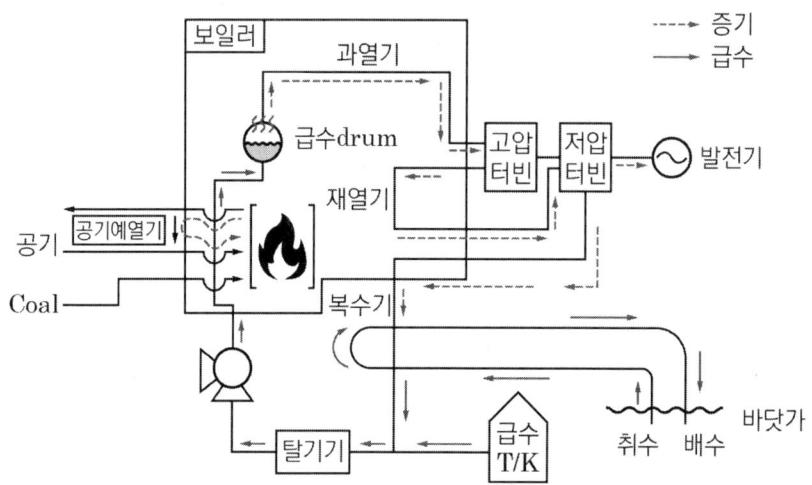

물을 끓여(석탄 등 사용) 증기를 발생시켜 증기터빈을 가동하여 발전

02 화력발전 구성 설비

1 급수펌프

급수를 지속적으로 보일러에 공급하기 위해 예비기가 반드시 필요

2 보일러

(1) 급수에 열량을 가하여 증기로 만드는 장치

(2) 수냉벽에서 가장 많은 열량을 흡수

- 수냉벽 : 절탄기에서 공급된 보일러수가 연소된 열에 의해 증기로 변환되는 곳

3 과열기

포화 증기를 과열 증기로 만들어 증기 터빈에 공급하는 장치

4 복수기(화력발전에서 손실이 가장 큰 설비)

(1) 우리나라에서는 표면복수기를 주로 사용

(2) 냉각수를 통해 습증기를 급수로 변환

5 재열기

재열 사이클에서 터빈에서 팽창하여 포화 온도에 가깝게 된 증기를 빼내어 다시 보일러에서 과열 증기의 온도 근처까지 온도를 올리기 위한 장치

6 여열 회수장치

(1) 공기예열기

보일러에서 배출된 배기가스 열을 이용하여 보일러 연소용 공기를 가열시키는 장치

(2) 절탄기

보일러에서 배출된 배기가스 열을 이용하여 보일러 급수를 가열하는 장치

(3) 급수가열기

재생 사이클에서 터빈의 도중에서 증기를 일부 빼내어 보일러 급수를 가열하는 장치

7 탈기기

급수 중에 포함되어 있는 산소 등의 분리 제거함으로써 보일러 배관의 부식을 방지

8 스케일

(1) 보일러 급수에 포함되어 있는 염류가 굳어서 생성되는 물질

(2) 보일러 열전도와 물의 순환을 방해하며 내면의 수관벽을 과열시켜 파열을 일으키는 원인

예제 01

보일러에서 절탄기의 용도는?

① 증기를 과열한다. ② 공기를 예열한다.
③ 보일러 급수를 데운다. ④ 석탄을 건조한다.

> **해설** 절탄기
>
> 보일러 급수 예열 용도
>
> **정답** ③

예제 02

기력발전소 내의 보조기 중 예비기를 가장 필요로 하는 것은?

① 미분탄 송입기 ② 급수펌프
③ 강제 통풍기 ④ 급탄기

> **해설** 급수펌프
>
> • 급수를 지속적으로 보일러에 공급   • 고장 시 예비기로 동작할 수 있어야 함
>
> **정답** ②

03 열 사이클

유체가 하나의 상태로부터 출발해서 임의의 중간 상태를 거쳐 다시 출발했던 최초의 상태로 되돌아오는 상태 변화를 일컬음

1 보일러 수 → 증기 → 고온화(과열기) → 팽창(터빈) → 복수(복수기) → 가압(급수펌프) → 보일러 수

열사이클 종류 및 정의	장치선도	T-S 선도 (면적 = 열량)
1) 카르노 사이클 열역학적 사이클 중 가장 이상적	-	
2) 랭킨 사이클(가장 기본적인 사이클) (1) 증기 원동기에 맞춰 카르노 사이클을 개량 (2) 증기를 작업유체로 사용		

열사이클 종류 및 정의	장치선도	T-S 선도 (면적 = 열량)
3) 재생 사이클 (1) 증기터빈 안 팽창 중에 있는 증기 일부 추기 (2) 추기한 열을 급수가열에 이용, 열효율 향상		
4) 재열사이클 (1) 증기를 고압터빈 → 보일러로 보낸 후 재가열 (2) 재가열 증기를 저압터빈으로 보냄 (3) 터빈의 내부손실을 낮추어 열효율 개선		
5) 재생 중재열사이클 (1) 재생 사이클 + 재열 사이클 (2) 열효율이 가장 좋음		

예제 03

일반적으로 화력발전소에서 적용하고 있는 열 사이클 중 가장 열효율이 좋은 것은?

① 재생 사이클 ② 랭킨 사이클 ③ 재열 사이클 ④ 재생·재열 사이클

해설 재생·재열 사이클

- 재생 사이클 + 재열 사이클
- 열효율이 가장 좋음

정답 ④

예제 04

증기 사이클에 대한 설명 중 틀린 것은?

① 랭킨 사이클의 열효율은 초기 온도 및 초기 압력이 높을수록 효율이 크다.
② 재열 사이클은 저압터빈에서 증기가 포화 상태에 가까워졌을 때 증기를 다시 가열하여 고압터빈으로 보낸다.
③ 재생 사이클은 증기 원동기 내에서 증기의 팽창 도중에서 증기를 추출하여 급수를 예열한다.
④ 재열·재생 사이클은 재생 사이클과 재열 사이클을 조합하여 병용하는 방식이다.

[해설] 재열 사이클

- 고압터빈에서 증기를 재가열하기 위해 보일러로 보낸 후 저압터빈으로 보냄
- 재가열 증기를 저압터빈으로 보냄으로써, 터빈의 내부 손실을 낮추어 열효율 개선

[정답] ②

04 열역학

1 열역학 법칙

(1) 열역학 제1법칙

에너지의 형태는 변하지만, 에너지의 양은 불변하다는 에너지 보존법칙을 열역학적으로 표현한 법칙

① 열의 일당량(kg·m/kcal) : 열에너지(kcal)에 해당하는 일의 양(kg·m)
② 일의 열당량 (kcal/kg·m) : 운동에너지(kg·m)에 해당하는 열에너지(kcal)
③ 단위 변환 : 1 [kWh] = 860 [kcal]

(2) 열역학 제2법칙

에너지의 흐름이나 형태의 변화에 대한 방향성을 나타내는 법칙

2 증기의 성질

(1) 엔탈피 : 증기 또는 물 1 [kg]이 가지는 전열량(kcal/kg)

(2) 엔트로피 : 물체에 열량 변화가 일어났을 때 그 값을 절대온도로 나눈 것

3 효율(= 출력/입력) 계산식 정리

(1) 카르노 사이클의 열효율 계산식

$$\eta = 1 - \frac{T_l(\text{저온원})+273}{T_h(\text{고온원})+273}$$ (절대온도 변환 후 계산)

(2) 구간별 효율

발전소 열효율(η)	증기터빈 효율(η_T)	보일러 효율(η_B)
$\eta = \dfrac{860Pt}{mH} \times 100\,[\%]$	$\eta_T = \dfrac{860Pt}{G(i-i_1)} \times 100\,[\%]$	$\eta_B = \dfrac{G_s(i-i_0)}{mH} \times 100\,[\%]$
$W=Pt$: 전력량(kWh) m : 연료량(kg) H : 발열량(kcal/kg)	$W=Pt$: 전력량(kWh) G : 유입 증기량(kg) i : 터빈 입구 증기엔탈피(kcal/kg) i_1 : 복수기 입구 증기엔탈피(kcal/kg)	G_s : 발생 증기량(kg) m : 연료량(kg) H : 연료 발열량(kcal/kg)

예제 05

증기의 엔탈피란?

① 증기 1 [kg]의 잠열
② 증기 1 [kg]의 현열
③ 증기 1 [kg]의 보유 열량
④ 증기 1 [kg]의 증발열을 그 온도로 나눈 것

해설 엔탈피

증기 1 [kg]의 보유 열량

정답 ③

예제 06

( ) 안에 들어갈 내용으로 옳은 것은?

> 화력발전소의 (㉠)은 발생 (㉡)을 열량으로 환산한 값과 이것을 발생하기 위하여 소비된 (㉢)의 보유열량 (㉣)를 말한다.

① ㉠ : 손실율, ㉡ : 발열량, ㉢ : 물, ㉣ : 차
② ㉠ : 열효율, ㉡ : 전력량, ㉢ : 연료, ㉣ : 비
③ ㉠ : 발전량, ㉡ : 증기량, ㉢ : 연료, ㉣ : 결과
④ ㉠ : 연료 소비율, ㉡ : 증기량, ㉢ : 물, ㉣ : 차

해설 화력 발전소 열효율(η) 계산식

$$\eta = \frac{860\,W}{mH} \times 100\,[\%]$$

η : 열효율 W : 전력량 m : 연료 소비량 H : 연료 발열량

∴ ㉠ 열효율 ㉡ 전력량 ㉢ 연료 ㉣ 비

정답 ②

예제 07

증기터빈 출력을 P [kW], 증기량을 W [t/h], 초압 및 배기의 증기 엔탈피를 각각 i_0, i_1 [kcal/kg]이라 하면 터빈의 효율 η_T [%]는?

① $\dfrac{860P \times 10^3}{W(I_0 - I_1)} \times 100$

② $\dfrac{860P \times 10^3}{W(I_1 - I_0)} \times 100$

③ $\dfrac{860P}{W(I_0 - I_1) \times 10^3} \times 100$

④ $\dfrac{860P}{W(I_1 - I_0) \times 10^3} \times 100$

해설 터빈 효율 (η_T) 계산식

$$\eta_T = \frac{860P}{W(I_0 - I_1) \times 10^3} \times 100\,[\%]$$

정답 ③

예제 08

화력발전소에서 석탄 1 [kg]으로 발생할 수 있는 전력량은 약 몇 [kWh]인가? (단, 석탄의 발열량은 5000 [kcal/kg], 발전소의 효율은 40 [%]이다)

① 2.0   ② 2.3   ③ 4.7   ④ 5.8

해설 화력발전소 전력량(W) 계산

효율 $\eta = \dfrac{860\,W}{BH}$ $\therefore W = \dfrac{\eta BH}{860} = \dfrac{0.4 \times 1 \times 5000}{860} \fallingdotseq 2.3\,[kWh]$

정답 ②

예제 09

어떤 화력 발전소의 증기 조건이 고온원 540 [℃], 저온원 30 [℃]일 때 이 온도 간에서 움직이는 카르노 사이클의 이론 열효율(%)은?

① 85.2   ② 80.5   ③ 75.3   ④ 62.7

해설 카르노 사이클 열효율

$\eta = 1 - \dfrac{T_2}{T_1} = 1 - \dfrac{30+273}{540+273} \times 100 = 62.7\,[\%]$

정답 ④

CHAPTER 13 원자력발전

01 원자력발전소 구성도

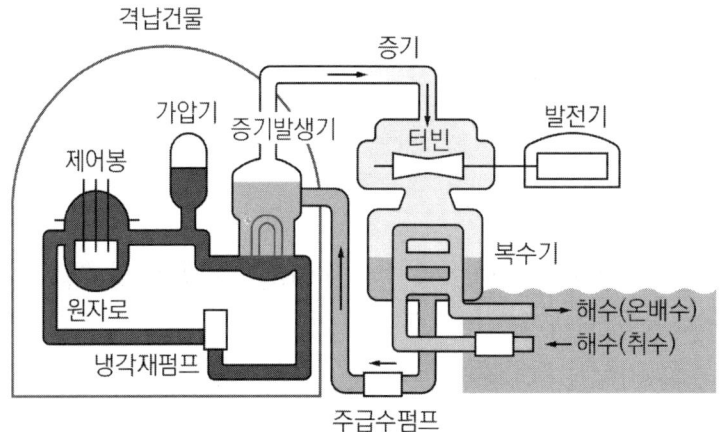

원자로 내 중성자와 우라늄 충돌(핵분열) 시 질량이 줄어들면서 발생한 열에너지를 이용하여 물을 가열한 후 증기를 발생시켜 증기터빈을 가동하여 발전

02 원자력 설비

- 제어 : 중성자를 흡수하여 핵분열의 속도를 늦춤(연쇄반응 제어)
  종류 : 카드뮴, 붕소, 하프늄
- 감속재 : 고속중성자를 느린중성자로 변화시키는 역할
  종류 : 경수, 중수, 흑연, 산화베릴륨 등
- 반사재 : 원자로 밖으로 나오려는 중성자를 반사시켜 외부로 나오는 것을 방지
- 차폐 : 원자로 내 투과력이 큰 γ, β선이나 중성자를 차단하는 역할
- 냉각재 : 원자로의 핵분열로 발생한 열에너지를 외부로 끄집어내기 위한 전달 매체
  주로 경수(H_2O)나 중수(D_2O)를 사용
- 독작용 : 핵분열 시 생긴 중성자를 잘 흡수하는 물질들이 원자로에 유해 작용을 하여 열중성자 이용률이 저하되고 반응이 감소되는 작용

예제 01

원자로의 냉각재가 갖추어야 할 조건이 아닌 것은?

① 열용량이 적을 것
② 중성자의 흡수가 적을 것
③ 열전도율 및 열전달 계수가 클 것
④ 방사능을 띠기 어려울 것

해설 원자로 냉각재의 조건

열용량이 커야 한다.

정답 ①

예제 02

원자로의 감속재에 대한 설명으로 틀린 것은?

① 감속 능력이 클 것
② 원자 질량이 클 것
③ 사용 재료로 경수를 사용
④ 고속 중성자를 열중성자로 바꾸는 작용

해설 원자로 설비

가벼운 원자핵일수록 효과가 크다.

정답 ②

예제 03

원자로 내에서 발생한 열에너지를 외부로 끄집어내기 위한 열매체를 무엇이라고 하는가?

① 반사체　　② 감속재　　③ 냉각재　　④ 제어봉

해설 냉각재

원자로 내에서 열에너지를 외부로 끄집어내기 위한 전달 매체

정답 ③

03 원자력발전의 특징

- 우라늄 1 [g]에서 석탄 3 [t] 이상에 해당하는 에너지가 얻어지므로 소비 연료의 중량이 적어져서 연료의 수송, 저장 장소의 문제가 없음
- 원자로가 폭주하면 발전소는 물론 주위에 심한 위해를 미치게 될 염려가 있음
- 원자력 발전에서는 전기, 기계 외에 물리, 화학, 야금 기술 등의 종합적인 기술이 필요하며 화력 발전보다 고도한 것이 요구(비용, 기술력 등)됨
- 기저 부하용으로 사용

04 원자력발전소의 종류

1 비등수형(BWR)

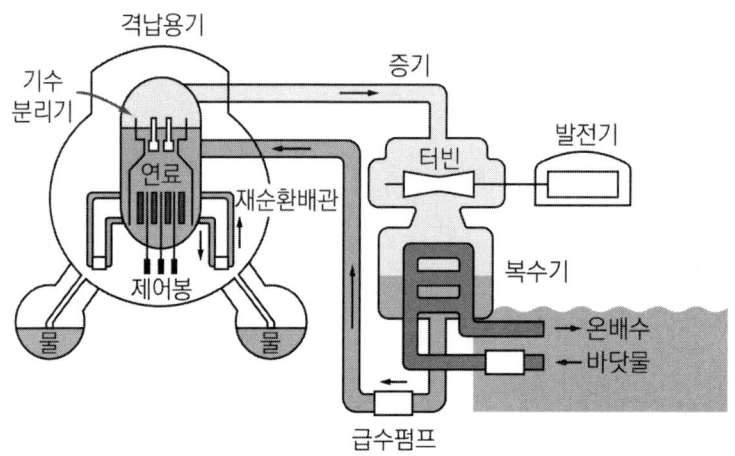

(1) 핵분열 후 증기를 발생시켜 직접 터빈에 공급

(2) 감속재 : 경수

(3) 냉각재 : 경수

(4) 연료 : 저농축우라늄

2 가압수형(PWR)

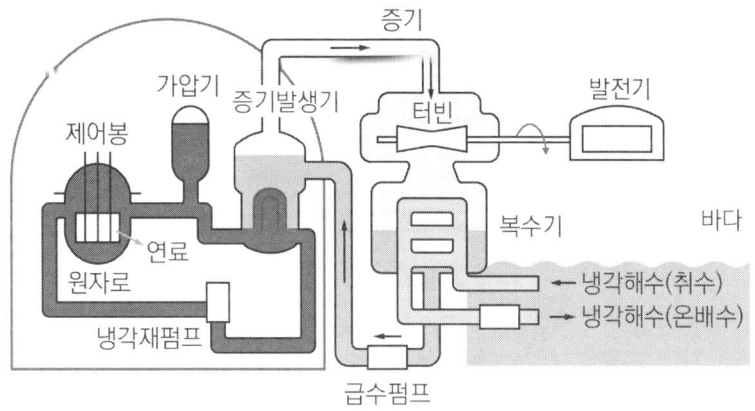

(1) 원자로 내에서 압력을 높여, 끓는점을 높인 후 2차 측에 설치한 증기 발생기를 통하여 증기를 발생시켜 터빈에 공급

(2) 감속재 : 경수

(3) 냉각재 : 경수

(4) 연료 : 저농축우라늄

3 가압중수형(PHWR)

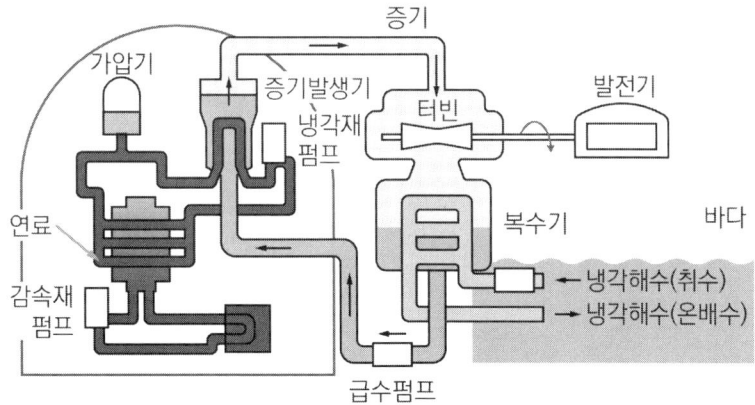

(1) 가압수형(PWR)과 방식은 같지만 감속재, 냉각재 및 연료가 다름

(2) 감속재 : 중수

(3) 냉각재 : 중수

(4) 연료 : 천연 우라늄

4 고속증식로(FBR)

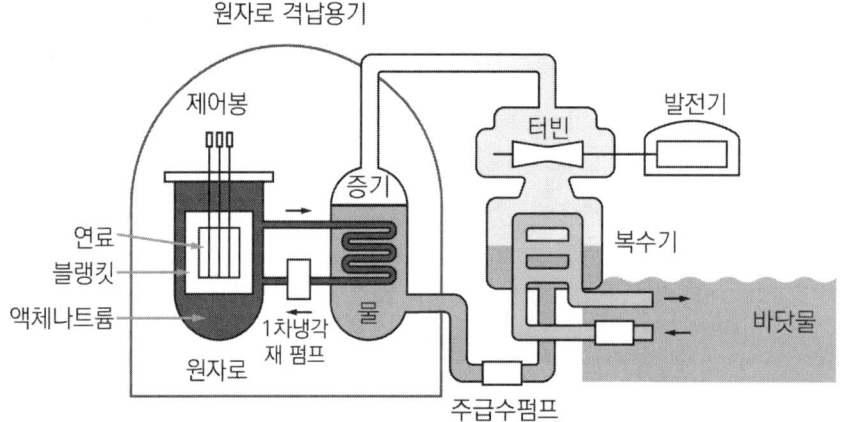

(1) 핵분열 증식이 가능하고 감속재가 필요하지 않으며, 소형으로 출력 밀도가 높음

(2) 증식($= \dfrac{\text{원자로 내에서 생성된 원자 수}}{\text{원자로 내에서 소비된 원자 수}}$)비가 1 이상

(3) 냉각재 : 나트륨

(4) 연료 : 고농축우라늄, 플루토늄

예제 04

원자력 발전소에서 비등수형 원자로에 대한 설명으로 틀린 것은?

① 연료로 농축우라늄을 사용한다.
② 감속재로 헬륨 액체 금속을 사용한다.
③ 냉각재로 경수를 사용한다.
④ 물을 원자로 내에서 직접 비등시킨다.

해설 비등수형(BWR) 원자로

- 저농축우라늄(농축우라늄)
- <u>감속재 : 경수</u>
- 냉각재 : 경수
- 열교환기 없이 바로 원자력 발전

정답 ②

예제 05

비등수형 원자로의 특색이 아닌 것은?

① 열교환기가 필요하다.
② 기포에 의한 자기 제어성이 있다.
③ 방사능 때문에 증기는 완전히 기수분리를 해야 한다.
④ 순환펌프로서는 급수펌프뿐이므로 펌프동력이 작다.

해설 비등수형(BWR) 원자로

- 저농축우라늄(농축우라늄)
- 감속재 : 경수
- 냉각재 : 경수
- <u>열교환기 없이 바로 원자력 발전</u>

정답 ①

예제 06

경수감속 냉각형 원자로에 속하는 것은?

① 고속증식로　　　　　　　　② 열중성자로
③ 비등수형 원자로　　　　　　④ 흑연감속 가스 냉각로

해설 경수감속 냉각형 원자로

- 비등수형 원자로(BWR)
- 가압 경수형 원자로(PWR)

정답 ③

PART 02

필기

모아 전기산업기사

과년도 기출문제

2023년 1회 전기산업기사 전력공학

01 초호환(Arcing Ring)을 설치하는 목적은 무엇인가?

① 코로나손의 방지
② 이상전압 발생의 방지
③ 클램프 보호
④ 애자련 보호

해설 | **애자 보호설비**
선로의 섬락으로부터 애자련을 보호함
애자 보호설비의 종류
- 초호환 = 소호환 = 아킹 링
- 초호각 = 소호각 = 아킹 혼

02 다음 중 수조에 대한 설명으로 틀린 것은?

① 수로식 발전소에서 수로의 첫 부분과 수압관의 아랫부분에 설치한다.
② 수로 내 수위의 이상 상승을 막는다.
③ 수로에서 유입된 물 속의 토사를 침전시켜서 배사문으로 배사하고 부유물을 제거한다.
④ 상수조는 최대 사용수량의 1~2분 정도의 조정용량을 가져야 한다.

해설 | **수력발전**
수조는 수로의 말단에 설치되어 있다.
- 상수 : 유하(흘러내리는) 토사의 최종적인 침전과 부하 변동에 대한 수차의 사용 유량의 과부족을 조정하는 역할, 최대사용수량의 1 ~ 2분 정도를 보상할 수 있는 정도로 함
- 조압수 : 유량 조절 및 수격 작용 완화 또는 흡수하여 압력 수로와 수압관을 보호함

03 그림과 같은 4도체 전선 소선 상호 간의 기하학적 평균거리는?

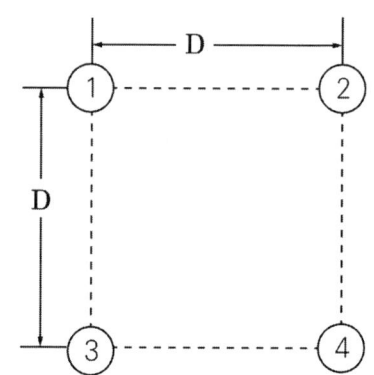

① $\sqrt[6]{2}\,D$ ② $\sqrt[4]{2}\,D$
③ $\sqrt[3]{2}\,D$ ④ D

해설 | **등가선간거리**
직선 배열 = $\sqrt[3]{2}\,D$
정삼각형 배열 = D
정사각형 배열 = $\sqrt[6]{2}\,D$

정답 01 ④ 02 ① 03 ①

4 어떤 공장의 소모 전력이 100 [kW]이며, 이 부하의 역률이 0.6일 때, 역률을 0.9로 개선하기 위한 전력용 콘덴서의 용량은 약 몇 [kVA]인가?

① 75   ② 80
③ 85   ④ 90

해설 | 전력용 콘덴서 용량(Q_c) 계산 [kVA]

$$Q_c = P\left(\frac{\sqrt{1-\cos^2\theta_1}}{\cos\theta_1} - \frac{\sqrt{1-\cos^2\theta_2}}{\cos\theta_2}\right)$$

$$= 100 \times \left(\frac{\sqrt{1-0.6^2}}{0.6} - \frac{\sqrt{1-0.9^2}}{0.9}\right)$$

$$\approx 85$$

5 장거리 송전선에서 단위길이당 임피던스 $Z = R + jwL$ [Ω/km], 어드미턴스 $Y = G + jwC$ [℧/km]라 할 때 저항과 누설 컨덕턴스를 무시하는 경우 특성임피던스의 값은 무엇인가?

① $\sqrt{\frac{L}{C}}$ ② $\sqrt{\frac{C}{L}}$
③ $\frac{L}{C}$ ④ $\frac{C}{L}$

해설 | 특성임피던스(Z_0)

$$Z_0 = \sqrt{\frac{Z}{Y}} = \sqrt{\frac{R+jwL}{G+jwC}}$$

$$= \sqrt{\frac{L}{C}} \ [\Omega]$$

6 옥내배선의 보호 방법이 아닌 것은?

① 과전류 보호   ② 지락 보호
③ 전압강하 보호   ④ 절연 접지 보호

해설 | 옥내배선 보호 방법
전압강하 보호라는 용어는 존재하지 않음

7 송전선로에서 매설지선을 사용하는 주된 목적은?

① 코로나 전압을 저감시키기 위하여
② 뇌해를 방지하기 위하여
③ 탑각 접지저항을 줄여서 섬락을 방지하기 위하여
④ 인축의 감전 사고를 막기 위하여

해설 | 역섬락
- 철탑 접지저항이 크면, 비교적 저항이 적은 선로 측으로 이상전류가 흐름
- 역섬락 대책
  매설지선 : 철탑 접지저항 감소시키는 전선

8 원자력발전소와 화력발전소의 특성 비교로 틀린 것은?

① 원자력발전소의 건설비는 화력발전소에 비해 싸다.
② 원자력발전소는 화력발전소의 보일러 대신 원자로와 열교환기를 사용한다.
③ 동일 출력일 경우 원자력발전소의 터빈이나 복수기가 화력발전소에 비하여 대형이다.
④ 원자력발전소는 방사능에 대한 차폐 시설물의 투자가 필요하다.

해설 | 발전소 건설비
원자력 > 화력

정답 04 ③ 05 ① 06 ③ 07 ③ 08 ①

09 철탑에서 전선의 오프셋을 주는 이유로 옳은 것은?

① 불평형 전압의 유도 방지
② 상하 전선의 접촉 방지
③ 전선의 진동 방지
④ 지락사고 방지

해설 | 오프셋(Offset)
전선 도약에 의한 상·하부 전선의 단락사고 방지

10 피뢰기의 제한 전압이란?

① 상용주파 전압에 대한 피뢰기의 충격방전 개시 전압
② 충격파 전압 침입 시 피뢰기의 충격방전 개시 전압
③ 피뢰기가 충격파 방전 종류 후 언제나 속류를 확실히 차단할 수 있는 상용주파 최대전압
④ 충격파전류가 흐르고 있을 때의 피뢰기 단자전압

해설 | 피뢰기 제한전압
• 피뢰기가 처리하고 남은 전압
• 충격파전류가 흐르고 있을 때, 피뢰기 단자전압의 파곳값

11 우리나라의 특고압 배전 방식으로 가장 많이 사용되고 있는 것은?

① 단상 2선식   ② 단상 3선식
③ 3상 3선식   ④ 3상 4선식

해설 | 우리나라 대표 송·배전 방식
• 송전 : 3상 3선식
• 배전 : 3상 4선식

12 과전류 계전기의 반한시 특성이란 무엇인가?

① 동작전류가 적을수록 동작 시간이 짧아진다.
② 동작전류가 커질수록 동작 시간이 짧아진다.
③ 동작전류에 관계없이 동작 시간은 일정하다.
④ 동작전류가 커질수록 동작 시간이 길어진다.

해설 | 반한시 계전기
• 동작전류가 작으면 동작 시간이 길다.
• 동작전류가 크면 동작 시간이 짧아진다.

13 154 [kV] 송전계통에서 3상 단락고장이 발생하였을 때 고장점에서 본 등가 정상임피던스가 100 [MVA] 기준으로 25 [%]라고 하면 단락용량은 몇 [MVA]인가?

① 250   ② 300
③ 400   ④ 500

해설 | 단락용량(P_s) 계산
$$P_s = \frac{100}{\%Z}P_n = \frac{100}{25} \times 100 = 400 \, [MVA]$$

14 전압과 역률이 일정하다고 가정할 때, 전력을 약 몇 [%] 증가시키면 전력손실이 2배가 되는가?

① 31 ② 41
③ 51 ④ 61

해설 | 전력손실(P_l)과 전력 관계식
- $P_l = I^2 R = (\dfrac{P}{V\cos\theta})^2 R$
  $= \dfrac{P^2 R}{V^2 \cos^2\theta}[W]$
- $P_l \propto P^2$, $2P_l = (\sqrt{2}\,P)^2$
  $\therefore \sqrt{2} = 1.414$
  41.4% 증가하면 2배가 된다.

15 송전선로의 저항을 R, 리액턴스를 X라 하면, 일반적인 경우 R과 X의 관계로 옳은 것은?

① R < X ② R > X
③ R = X ④ R = 2X

해설 | 송전선의 임피던스
송전선에서는 저항보다 리액턴스가 훨씬 크다.

16 초고압용 차단기에 개폐저항기를 사용하는 이유는?

① 차단전류 감소
② 차단속도 증진
③ 차단전류의 역률 개선
④ 개폐서지 이상전압 억제

해설 | 개폐서지 발생 및 대책
- 송전 선로의 개폐 조작 시 발생
- 개폐서지 대책 : 개폐 저항기

17 송전선로 연가의 주 목적은?

① 미관상 필요
② 직격뢰를 방지하기 위해
③ 지지물의 높이를 낮추기 위해
④ 선로정수의 평형을 위해

해설 | 연가
연가의 주 목적은 선로정수의 평형을 맞추기 위해서이다.

18 한류리액터를 사용하는 목적은?

① 단락전류를 제한하기 위해
② 누설전류를 제한하기 위해
③ 이상전압 발생을 방지하기 위해
④ 접지전류를 제한하기 위해

해설 | 한류리액터 목적
단락전류 제한

19 3상 1회선과 대지 간의 충전전류가 1 [km] 당 0.25 [A]이다. 이때, 길이가 18 [km]인 선로의 충전전류는 몇 A인가?

① 2.5
② 4.5
③ 23.5
④ 30.5

해설 | 충전전류(I_c) 계산
$I_c \times \ell = 0.25 \times 18 = 4.5\,[A]$

20 다음 중 SF_6 가스 차단기의 특징이 아닌 것은?

① 밀폐 구조로 소음이 작다.
② 근거리 고장 등 가혹한 재기 전압에 대해서도 우수하다.
③ 아크에 의해 SF_6 가스가 분해되며 유독가스를 발생시킨다.
④ SF_6 가스의 소호 능력은 공기의 100 ~ 200배이다.

해설 | SF_6 가스
- 가스차단기 소호매질로 사용
- 무색, 무취, 무해한 가스

전기산업기사 - 전력공학

2023년 2회

01 송전선로의 안정도 향상대책이 아닌 것은?

① 속응 여자 방식 채용
② 역률의 신속한 조정
③ 리액턴스 감소
④ 재폐로 방식 채용

해설 | 안정도 향상 대책
- 계통의 직렬 리액턴스 감소
- 조속기 작동을 빠르게 한다.
- 속응 여자 방식
- 계통 연계 방식
- 고속도 재폐로 방식
- 중간 조상 방식
- 직렬 콘덴서 설치
- 병렬 회선 수 늘림

02 62000 [kW]의 전력을 60 [km] 떨어진 지점에 송전하려면 전압은 약 몇 [kV]로 하면 좋은가? (단, Still식을 사용한다)

① 66　　② 110
③ 140　　④ 154

해설 | 송전전압 V(Still식) 계산

$$V = 5.5\sqrt{0.6l + \frac{P}{100}}$$
$$= 5.5\sqrt{0.6 \times 60 + \frac{62000}{100}}$$
$$\fallingdotseq 140\,[kV]$$

03 선로의 단락 보호용으로 사용되는 계전기는?

① 접지 계전기　② 역상 계전기
③ 재폐로 계전기　④ 거리 계전기

해설 | 거리 계전기
송전선로 단락·지락사고 보호계전기

 단거

04 가공 송전선에 사용되는 애자 1연 중 전압 부담이 최대인 애자는?

① 철탑에 제일 가까운 애자
② 전선에 제일 가까운 애자
③ 중앙에 있는 애자
④ 전선으로부터 1/4 지점에 있는 애자

해설 | 애자련 전압 부담 강도
- 전압부담 가장 큼
  전선에 제일 가까운 애자
- 전압부담 가장 적음
  전선으로부터 1/3 지점에 있는 애자

정답　01 ②　02 ③　03 ④　04 ②

05 송전단전압이 3300 [V], 수전단전압은 3000 [V]이다. 수전단의 부하를 차단한 경우, 수전단전압이 3200 [V]라면 이 회로의 전압 변동률은 약 몇 [%]인가?

① 3.25　② 4.28
③ 5.67　④ 6.67

해설 | 전압 변동률(δ) 계산

$$\delta = \frac{V_{r0} - V_{rn}}{V_{rn}} \times 100$$

$$= \frac{3200 - 3000}{3000} \times 100 = 6.67\,[\%]$$

V_{r0} : 무부하 시 수전단전압
V_{rn} : 정격부하 시 수전단전압

06 선로임피던스가 Z인 단상 단거리 송전선로의 4단자 정수는?

① A = 1, B = Z, C = 0, D = 1
② A = 1, B = 0, C = Z, D = 1
③ A = Z, B = Z, C = 0, D = 1
④ A = 0, B = 1, C = Z, D = 0

해설 | 단거리 송전선로 4단자 정수

$$\begin{pmatrix} A & B \\ C & D \end{pmatrix} = \begin{pmatrix} 1 & Z \\ 0 & 1 \end{pmatrix}$$

07 소수력 발전의 장점이 아닌 것은?

① 국내 부존자원 활용
② 일단 건설 후에는 운영비가 저렴
③ 전력 생산 외에 농업용수 공급, 홍수 조절에 기여
④ 양수발전과 같이 첨두부하에 대한 기여도가 많음

해설 | 소수력 발전
양수발전보다 첨두부하에 대한 기여도가 적음
• 장점
 - 국내 부존자원 활용 가능
 - 전력생산 외에도 농업용수를 공급
 - 홍수 조절에 기여
• 단점
 - 초기 건설비용이 비쌈
 - 강수량에 의존함

08 전원으로부터의 합성임피던스가 0.1 [%] (15000 [kVA] 기준)인 곳에 설치하는 차단기 용량은 몇 [MVA] 이상이어야 하는가?

① 12000　② 12500
③ 15000　④ 13500

해설 | 차단기 용량(P_s) 계산

$$P_s = \frac{100}{\%Z} P_n = \frac{100}{0.1} \times 15$$

$$= 15000\,[MVA]$$

09 인입되는 전압이 정정값 이하로 되었을 때 동작하는 것으로서 단락 고장 검출 등에 사용되는 계전기는?

① 과전류계전기　② 부족전압 계전기
③ 과전압계전기　④ 단락 방향계전기

해설 | 부족 전압 계전기(UVR)
전압이 일정값 이하일 때 지나친 과전류가 흐르지 않게끔 동작하는 계전기는 부족 전압 계전기이다.

10 송전선로에 근접한 통신선에 유도장해가 발생하였다. 전자유도의 원인은?

① 역상전압 ② 영상전압
③ 정상전류 ④ 영상전류

해설 | 유도장해의 발생 원인
- 전자유도장해(영상전류)
  전력선과 통신선 간 상호 인덕턴스가 원인
- 정전유도장해(영상전압)
  전력선과 통신선 간 상호 정전용량이 원인

11 어떤 가공선의 인덕턴스가 1.2 [mH/km]이고, 정전용량이 0.006 [μF/km]일 때 특성임피던스는 약 몇 [Ω]인가?

① 128 ② 224
③ 345 ④ 447

해설 | 특성임피던스(Z_0)

$$Z_0 = \sqrt{\frac{Z}{Y}} = \sqrt{\frac{R+j\omega L}{G+j\omega C}} = \sqrt{\frac{L}{C}}$$

$$= \sqrt{\frac{1.2 \times 10^{-3}}{0.006 \times 10^{-6}}} \fallingdotseq 447 \,[\Omega]$$

12 선간전압, 선로전류, 역률이 일정할 때(3상 3선식/단상 2선식)의 전선 1선당의 전력비는 약 몇 [%]인가?

① 87.5 ② 94.7
③ 115.5 ④ 141.4

해설 | 공급 방식별 공급전력비 계산
- 단상 2선식 전력비

$$P = \frac{1}{2} VI\cos\theta \,[W]$$

- 3상 3선식 전력비

$$P = \frac{\sqrt{3}}{3} VI\cos\theta \,[W]$$

$$\therefore \frac{3상\ 3선식}{단상\ 2선식} = \frac{\frac{\sqrt{3}}{3}}{\frac{1}{2}} = \frac{2\sqrt{3}}{3}$$

$$= 115.5 \,[\%]$$

13 보호계전기의 기본 기능이 아닌 것은?

① 확실성 ② 선택성
③ 유동성 ④ 신속성

해설 | 보호계전기 구비 조건
- 확실성, 선택성, 신속성
- 고장 상태를 신속하게 선택할 것
- 조정 범위가 넓고 조정이 쉬울 것
- 보호 동작이 정확하고 감도가 예민할 것
- 접점 소모 적고, 열적 기계적 강도가 클 것
- 적절한 후비 보호 능력이 있을 것
- 과도 안정도를 유지하는 데 필요한 한도 내의 동작 시한을 가질 것

14 전단전압 66 [kV], 전류 100 [A], 선로 저항 10 [Ω], 선로 리액턴스 15 [Ω]인 3상 단거리 송전선로의 전압강하율은 몇 [%]인가? (단, 수전단의 역률은 0.8)

① 2.57 ② 3.25
③ 3.74 ④ 4.46

해설 | 3상 전압강하율(ε) 계산식

$$\varepsilon = \frac{\sqrt{3}I}{V_r}(R\cos\theta + X\sin\theta) \times 100$$

$$= \frac{\sqrt{3} \times 100}{66 \times 10^3}(10 \times 0.8 + 15 \times 0.6) \times 100$$

$$= 4.46 \,[\%]$$

정답 10 ④ 11 ④ 12 ③ 13 ③ 14 ④

15 송전선로에 충전전류가 흐르면 수전단전압이 송전단전압보다 높아지는 현상과 이 현상의 발생 원인으로 가장 옳은 것은?

① 페란티효과, 선로의 인덕턴스 때문
② 페란티효과, 선로의 정전용량 때문
③ 근접효과, 선로의 인덕턴스 때문
④ 근접효과, 선로의 정전용량 때문

해설 | 페란티현상
- 수전단전압이 송전단전압보다 높아짐
- 페란티현상 발생 원인
  정전용량(C) 영향으로 충전전류가 흐름
- 페란티현상 대책
  분로(병렬) 리액터 투입

16 전력 원선도에서 알 수 없는 것은?

① 조상 용량
② 송전단의 역률
③ 선로 손실
④ 정태 안정 극한 전력

해설 | 전력 원선도에서 알 수 없는 것
코로나 손실, 과도 극한 안정 전력, 송전단 역률

17 그림에서 X 부분에 흐르는 전류는 어떤 전류인가?

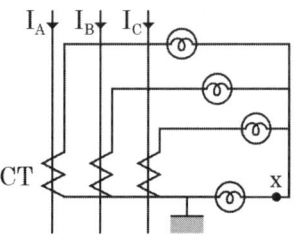

① 영영상전류 ② 정상전류
③ 역상전류   ④ b상전류

해설 | Y결선 잔류회로
- 평형 상태에서 A_4에 흐르는 전류 0
- 지락사고 발생 시 영상전류가 흐름

18 가공 송전선로에서의 코로나 손실과 관계가 없는 것은 무엇인가?

① 전선의 연가   ② 전원 주파수
③ 상대 공기 밀도 ④ 선간거리

해설 | 코로나 손실(P_c) 계산식[kW/km/line]

$$P_c = \frac{241}{\delta}(f+25)\sqrt{\frac{d}{2D}}(E-E_0)^2 \times 10^{-5}$$

δ : 상대공기밀도 D : 선간거리
E : 계동전압 E_0 : 코로나 임계전압

19 원자로 내에서 발생한 열에너지를 외부로 끄집어내기 위한 열매체를 무엇이라고 하는가?

① 반사체 ② 감속재
③ 냉각재 ④ 제어봉

해설 | 냉각재
원자로 내에서 열에너지를 외부로 끄집어내기 위한 전달 매체

20 직류 송전 방식이 교류 송전 방식보다 유리한 점이 아닌 것은?

① 통신선에 대한 유도잡음이 적음
② 선로의 절연이 용이
③ 표피효과에 의한 송전 손실이 적음
④ 정류가 필요 없고 승압 및 강압이 쉬움

해설 | 직류 송전 방식 특징
- 역률은 항상 1
- 비동기 연계가 가능한 장점이 있음
- 선로의 리액턴스가 없으므로 안정도가 높음
- 회전자계를 얻기 힘듦(변압 어려움)
- 영점이 없어 고전압, 대전류 차단 어려움

정답 19 ③ 20 ④

2023년 3회

전기산업기사 — 전력공학

01
그림과 같은 배전선로에서 부하의 급전 시와 차단 시 조작 방법으로 옳은 것은?

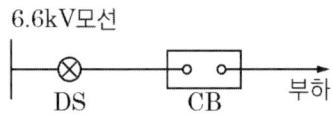

① 급전 시는 DS, CB 순이고, 차단 시는 CB, DS 순이다.
② 급전 시는 CB, DS 순이고, 차단 시는 DS, CB 순이다.
③ 급전 및 차단 시 모두 DS, CB 순이다.
④ 급전 및 차단 시 모두 CB, DS 순이다.

해설 | 단로기 및 차단기 인터록 관계
- 투입 : 단로기(DS) → 차단기(CB)
- 개방 : 차단기(CB) → 단로기(DS)

TIP 단로기는 전기가 흐르지 않을 때 투입 및 개방을 해야 한다.

02
차단기가 전류를 차단할 때, 재점호가 일어나기 쉬운 차단전류는?

① 동상전류 ② 지상전류
③ 진상전류 ④ 단락전류

해설 | 재점호현상
- 차단기 개방 상태에서 절연 파괴로 인해 전기가 통하는 현상
- 재점호 원인 : 무부하 시 충전전류(C)

03
다음은 무엇을 결정할 때 사용되는 식인가? (단, l은 송전거리(km)이고, P는 송전전력(kW)이다)

$$5.5\sqrt{0.6l + \frac{P}{100}}$$

① 송전 전압
② 송전선의 굵기
③ 역률 개선 시 콘덴서의 용량
④ 발전소의 발전 전압

해설 | Still식
송전선로의 경제적인 전압을 구하는 공식

04
해방지와 관계가 없는 것은?

① 매설지선   ② 가공지선
③ 소호각   ④ 댐퍼

해설 | 댐퍼(Damper)
전선의 진동 및 도약방지설비

정답 01 ① 02 ③ 03 ① 04 ④

05 화력발전소에서 석탄 1 [kg]으로 발생할 수 있는 전력량은 약 몇 [kWh]인가? (단, 석탄의 발열량은 5000 [kcal/kg], 발전소의 효율은 40 [%]이다)

① 2.0 ② 5.8
③ 4.7 ④ 2.3

해설 | 화력발전소 전력량(W) 계산

효율 $\eta = \dfrac{860Pt}{mH} \times 100\,[\%]$

∴ $W = \dfrac{\eta mH}{860} = \dfrac{0.4 \times 1 \times 5000}{860}$
$\fallingdotseq 2.3\,[kWh]$

06 3상 3선식에서 전선의 선간거리가 각각 1 [m], 4 [m], 2 [m]로 삼각형으로 배치되어 있을 때 등가선간거리는 몇 [m]인가?

① 1 ② 2
③ 3 ④ 4

해설 | 등가선간거리(D) 계산

$D = \sqrt[3]{D_1 D_2 D_3} = \sqrt[3]{1 \times 4 \times 2} = 2\,[m]$

07 촉자가 외부 공기로부터 격리되어 있어 아크에 의한 화재의 염려가 없으며, 소형, 경량으로 구조가 간단하고 보수가 용이하며 진공 중의 아크 소호 능력을 이용하는 차단기는?

① 진공차단기 ② 유입차단기
③ 공기차단기 ④ 가스차단기

해설 | 진공차단기(VCB)
- 진공 중의 아크 소호 능력 이용
- 22.9 [kV] 이하 수·변전 설비에서 많이 사용

08 송전단전압이 161 [kV], 수전단전압이 155 [kV], 송수전단전압의 상차각이 40°, 리액턴스가 50 [Ω]일 때 선로 손실을 무시하면 송전전력은 약 몇 [MW]인가? (단, cos40° = 0.766, cos50° = 0.643)

① 107 ② 321
③ 408 ④ 580

해설 | 송전전력(P) 계산식

$P = \dfrac{V_s V_r}{X} \sin\theta = \dfrac{161 \times 155}{50} \sin 40°$
$= 321\,[MW]$

09 최대수용전력의 합계와 합성최대 수용전력의 비를 나타내는 계수는?

① 부하율 ② 수용률
③ 부등률 ④ 보상률

해설 | 부등률 계산식

부등률 = $\dfrac{\text{각 수용가 최대수용전력의 합}}{\text{합성 최대수용전력 (동시간대)}} \geq 1$

정답 05 ④ 06 ② 07 ① 08 ② 09 ③

10 유효낙차가 400 [m]인 수력발전소에서 펠턴수차의 노즐에서 분출하는 물의 속도가 이론값의 0.95배라면, 물의 분출속도는 약 몇 [m/s]인가?

① 38.3　　　　② 84.1
③ 73.6　　　　④ 55.2

해설 | 물 분출 속도(v) 계산

$H_v = \dfrac{v^2}{2g}$

$\therefore v = k\sqrt{2gH}$
$= 0.95\sqrt{2 \times 9.8 \times 400}$
$\fallingdotseq 84.1\,[m/s]$

TIP k = 0.95배

11 상변류기를 사용하는 계전기는?

① 접지 계전기
② 차동 계전기
③ 과전압 계전기
④ 과전류 계전기

해설 | 영상변류기(ZCT)
- 지락사고 시 지락전류(영상전류) 검출
- 별도의 차단전류가 필요
- 지락 계전기(GR), 선택 지락 계전기(SGR) 등 추가 설치
- 지락계전기 혹은 접지계전기로 표현함

12 3상 1회선 전선로의 작용정전용량을 C, 선간정전용량을 C_1, 대지정전용량을 C_2라 할 때 C, C_1, C_2의 관계는?

① $C = C_1 + 3C_2$　　② $C = 3C_1 + C_2$
③ $C = C_1 + C_2$　　④ $C = 3(C_1 + C_2)$

해설 | 정전용량(C) 계산
$C = C_s + 3C_m$

13 한류리액터의 사용 목적은?

① 단락전류의 제한
② 충전전류의 제한
③ 누설전류의 제한
④ 접지전류의 제한

해설 | 한류리액터 목적
단락전류 제한　　　　암 파 한단

14 한시계전기의 동작특성으로 알맞은 것은?

① 설정된 값 이상의 전류가 흘렀을 때 동작전류의 크기와는 관계없이 항상 일정한 시간 후에 작동
② 설정된 최소 동작전류 이상의 전류가 흐르면 즉시 작동하는 것으로 한도를 넘은 양과는 관계없이 작동
③ 동작시간이 어느 전류값까지는 그 크기에 따라 반비례 특성을 가지며 그 이상이 되면 일정한 시간 후에 작동
④ 동작시간이 전류값의 크기에 따라 변하는 것으로 전류값이 클수록 빠르게 동작하고 반대로 전류값이 작아질수록 느리게 작동

해설 | 반한시 계전기
작동시간이 전류값의 크기에 따라 변하는 계전기로서 전류값이 작을수록 느리게 동작하고, 반대로 전류값이 클수록 빠르게 작동한다.

정답　10 ②　11 ①　12 ②　13 ①　14 ④

15 취수구에 제수문을 설치하는 이유는?

① 모래 배제
② 유량 조정
③ 낙차 상승
④ 홍수위를 조정

해설 | 제수문
수력 발전소의 유량 조절

16 3상 3선식 복도체 방식의 송전선로를 3상 3선식 단도체 방식 송전선로와 비교한 것으로 옳은 것은? (단, 단도체의 단면적은 복도체 방식 소선의 단면적 합과 같음)

① 전선의 인덕턴스는 감소하고, 정전용량은 증가
② 전선의 인덕턴스 정전용량 모두 증가
③ 전선의 인덕턴스는 증가하고, 정전용량은 감소
④ 전선의 인덕턴스와 정전용량 모두 감소

해설 | 단도체 및 복도체 특징 비교
- 인덕턴스 $L = 0.05 + 0.4605\log_{10}\dfrac{D}{r}$
- 정전용량 $C = \dfrac{0.02413}{\log_{10}\dfrac{D}{r}}$
- 복도체 사용 시 등가반지름 (r)이 커짐

17 다음 송전선의 전압변동률 식에서 V_{R1}은 무엇을 의미하는가?

$$\epsilon = \frac{V_{R_1} - V_{R_2}}{V_{R_2}} \times 100\, [\%]$$

① 부하 시 송전단전압
② 무부하 시 송전단전압
③ 전부하 시 수전단전압
④ 무부하 시 수전단전압

해설 | 전압 변동률(δ) 계산식
$$\delta = \frac{V_{r0} - V_{rn}}{V_{rn}} \times 100\,[\%]$$

18 배전선로의 전압강하의 정도를 나타내는 식이 아닌 것은? (단, E_s는 송전단전압, E_r은 수전단전압이다)

① $\dfrac{I}{E_r} \times (R\cos\theta + X\sin\theta) \times 100$

② $\dfrac{\sqrt{3}\,I(R\cos\theta + X\sin\theta)}{E_r} \times 100$

③ $\dfrac{E_s + E_r}{E_r} \times 100$

④ $\dfrac{E_s - E_r}{E_r} \times 100$

해설 | 배전선로의 전압강하율 계산식
- 단상 전압강하율(ε) 계산식
$$\varepsilon = \frac{E_s - E_r}{E_r} \times 100$$
$$= \frac{I(R\cos\theta + X\sin\theta)}{E_r} \times 100$$
- 3상 전압강하율(ε) 계산식
$$\varepsilon = \frac{V_s - V_r}{V_r} \times 100$$
$$= \frac{\sqrt{3}\,I(R\cos\theta + X\sin\theta)}{V_r} \times 100$$

19 전선 역률 개선으로 인한 효과로 옳지 않은 것은?

① 전압강하 감소
② 선로 절연에 요하는 비용 절감
③ 전원 측 설비의 이용률 향상
④ 전로의 전력손실 경감

해설 | **역률 개선의 효과**
- 전력손실 경감
- 전압강하 경감
- 설비 용량 여유분 증가
- 전기 요금 절약

20 지지점의 높이가 같은 전선의 이도를 구하는 식은? (단, 이도는 D [m], 수평장력은 T [kg], 전선의 무게는 W [kg/m], 경간은 S [m]이다)

① $D = \dfrac{WS^2}{8T}$ ② $D = \dfrac{SW^2}{8T}$

③ $D = \dfrac{8TW}{S^2}$ ④ $D = \dfrac{ST^2}{8W}$

해설 | 이도(D)

이도의 계산식은 $D = \dfrac{WS^2}{8T}$

정답 19 ② 20 ①

전기산업기사 전력공학 — 2022년 1회

01 전선로에 복도체를 사용하는 가장 주된 목적은?

① 건설비를 절감하기 위하여
② 진동을 방지하기 위하여
③ 전선의 이도를 주기 위하여
④ 코로나를 방지하기 위하여

해설 | **복도체 사용 목적**
- 코로나 임계전압(E_0) 계산식
$$E_0 = 24.3\, m_o m_1 \delta\, d \log_{10} \frac{D}{r}\ [kV]$$
- 복도체 사용 시 도체직경(d) 증가로 E_0가 상승하여 코로나 발생을 억제함

 복코

02 부하전류의 차단 능력이 없는 것은?

① 공기차단기　② 유입차단기
③ 진공차단기　④ 단로기

해설 | **단로기(DS)**
아크 소호장치가 없어 부하전류 차단 곤란

03 전선로에 가공 지선을 설치하는 목적은?

① 코로나 방지
② 뇌에 대한 차폐
③ 선로 정수의 평형
④ 철탑지지

해설 | **가공지선**
- 직격뢰, 유도뢰, 통신선에 대한 전자유도 경감의 목적
- 차폐각 35 ~ 40°
- 차폐각이 작을수록 보호율이 높음
- 가공지선을 2회선으로 하면 차폐각이 작아짐
- ACSR 사용

04 송전선로에서 역섬락을 방지하려면 어떻게 해야 하는가?

① 피뢰기를 설치한다.
② 가공지선을 설치한다.
③ 소호각을 설치한다.
④ 탑각 접지저항을 작게 한다.

해설 | **역섬락**
- 철탑 접지저항이 크면, 비교적 저항이 적은 선로 측으로 이상전류가 흐름
- 역섬락 대책
매설지선 : 철탑 접지저항 감소시키는 전선

정답 01 ④　02 ④　03 ②　04 ④

05 반지름 r [m]인 세 개의 도체를 그림과 같이 선간거리 D [m]로 수평배치하였다. A 도체의 인덕턴스는 몇 [mH/km]인가?

① $0.05 + 0.4605\log\dfrac{D}{r}$

② $0.05 + 0.4605\log\dfrac{2D}{r}$

③ $0.05 + 0.4605\log\dfrac{\sqrt{2}\,D}{r}$

④ $0.05 + 0.4605\log\dfrac{\sqrt[3]{2}\,D}{r}$

해설 | A도체의 인덕턴스(L) 계산 [mH/km]
- 등가선간거리(D) 계산
$D_{re} = \sqrt[3]{D \times D \times 2D} = \sqrt[3]{2}\,D\,[m]$
- A도체의 인덕턴스 (L) 계산 [mH/km]
$L = 0.05 + 0.4605\log\dfrac{D_{re}}{r}$
$= 0.05 + 0.4605\log_{10}\dfrac{\sqrt[3]{2}\,D}{r}$

06 유효낙차가 50 [m], 최대 사용 수량이 10 [m³/s], 수차 효율이 87 [%], 발전기 효율이 97 [%]인 수력발전소가 있다. 최대 출력은 몇 [kW]인가?

① 4135 ② 4070
③ 5275 ④ 6275

해설 | 수력발전소 출력(P) 계산
$P = 9.8 Q H \eta_t \eta_g$
$= 9.8 \times 10 \times 50 \times 0.87 \times 0.97$
$= 4135\,[kW]$

07 직렬 콘덴서를 선로에 삽입할 때의 장점으로 옳지 않은 것은?

① 역률을 개선
② 정태 안정도를 증가
③ 선로의 인덕턴스를 보상
④ 수전단의 전압 변동률을 줄임

해설 | 직렬콘덴서(C)
- 전압강하 보상을 위하여 부하와 직렬접속
- 선로 인덕턴스를 보상하여 정태 안정도 증가
- 계통 역률을 개선시킬 정도의 큰 용량은 아님

08 그림과 같은 수전단 전력원선도의 부하 직선을 참고했을 때, 전압조정을 위한 조상설비가 없어도 정전압운전이 가능한 부하전력은 대략 언제인가?

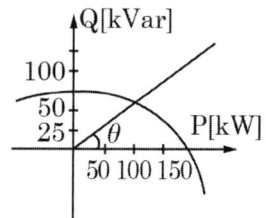

① 무부하일 때   ② 50 [kW]일 때
③ 100 [kW]일 때 ④ 150 [kW]일 때

해설 | 전력원선도
정전압 운전이 가능한 부하전력은 원선도에서 100 [kW] 부하에서 역률 직선과 원선도가 일치하는 위치이므로 조상설비가 필요 없다.

09 배전선로의 손실을 경감시키는 방법으로 틀린 것은?

① 역률을 개선한다.
② 전압을 조정한다.
③ 다중 접지 방식을 채용한다.
④ 부하의 불평형을 방지한다.

해설 | 전력손실(P_l) 경감 대책
- 전력손실과 전기 요소 관계식
  $$P_l \propto \frac{1}{V^2 \cos^2\theta}$$
- 전압, 역률 상승 시 P_l 감소
- 부하의 불평형을 방지하여 중성선에 흐르는 전류에 의한 전력손실 억제

10 동일한 전압에서 동일한 전력을 송전할 때 역률을 0.8에서 0.9로 개선하면 전력손실은 약 몇 [%] 감소하는가?

① 5   ② 10
③ 21   ④ 40

해설 | 역률 개선 전·후 전력손실(P_l)의 비
- $P_l \propto \dfrac{1}{\cos^2\theta}$

$$\therefore \frac{P_{l2}}{P_{l1}} = \left(\frac{\cos\theta_1}{\cos\theta_2}\right)^2 = \left(\frac{0.8}{0.9}\right)^2$$

$$\fallingdotseq 79.01\,[\%]$$

$100 - 79 = 21[\%]$ 감소한다.

11 코로나 방지대책으로 적당하지 않은 것은?

① 가선 시 전선 표면의 금구를 손상하지 않게 한다.
② 가선 금구를 개량한다.
③ 선간거리를 감소시킨다.
④ 복도체를 사용한다.

해설 | 코로나현상
- 코로나 임계전압(E_0) 계산식
  $$E_0 = 24.3\, m_o\, m_1\, \delta\, d\, \log_{10}\frac{D}{r}\,[kV]$$
- 선간거리 D를 감소시키면 코로나 임계전압이 감소하여 코로나현상이 쉽게 일어난다.

12 송전선로에서 역섬락이 생기기 가장 쉬운 경우는?

① 철탑의 탑각 접지 저항이 큰 경우
② 코로나현상이 발생한 경우
③ 선로정수가 균일하지 않을 경우
④ 선로 손실이 큰 경우

해설 | 역섬락
- 철탑 접지저항이 크면, 비교적 저항이 적은 선로 측으로 이상전류가 흐름
- 역섬락 대책
  매설지선 : 철탑 접지저항을 감소시키는 전선

13 선로의 특성임피던스에 대한 설명으로 알맞은 것은?

① 선로의 길이에 비례
② 선로의 길이에 반비례
③ 선로의 길이에 관계없이 일정
④ 선로의 길이보다 부하에 따라 변화

해설 | **특성임피던스(Z_0)**

- $Z_0 = \sqrt{\dfrac{Z}{Y}} = \sqrt{\dfrac{R+j\omega L}{G+j\omega C}}$
  $= \sqrt{\dfrac{L}{C}}\ [\Omega]$
- 특성임피던스는 선로의 길이에 관계없이 일정하다.

14 송배전선로의 진동 방지대책이 아닌 것은?

① 조임쇠   ② 댐퍼
③ 클램프   ④ 아머 로드

해설 | **전선 진동 방지 대책 설비**
댐퍼 · 클램프 · 아머로드

15 과전류 계전기의 탭 값은 무엇으로 표시되는가?

① 계전기의 동작시한
② 변류기의 권수비
③ 계전기의 최대 부하전류
④ 계전기의 최소 동작전류

해설 | **과전류 계전기**
과전류 계전기는 고장 발생 시 신속하게 동작해야 하므로 최소 동동작전류에 탭값을 고정한다.

16 화력발전소에서 탈기기를 사용하는 주 목적은?

① 급수 중에 함유된 산소 등의 분리 제거
② 보일러 관벽의 스케일 부착 방지
③ 급수 중에 포함된 염류의 제거
④ 연소용 공기의 예열

해설 | **탈기기**
급수 중에 포함되어 있는 산소 등에 의한 보일러 배관 부식 방지

17 우리나라의 22.9 [kV] 배전선로에 적용하는 피뢰기의 공칭방전전류는 몇 [A]인가?

① 1500   ② 2500
③ 5000   ④ 10000

해설 | **피뢰기의 공칭 방방전전류 [A]**

공칭 방전 전류(A)	적용 조건
10000	154 [kV] 이상 계통 66 [kV] 및 그 이하의 계통에서 BANK 용량이 3000 [kVA] 초과하는 곳
5000	66 [kV] 및 그 이하의 계통에서 BANK 용량이 3000 [kVA] 이하인 곳
2500	배전선로

정답 13 ③ 14 ① 15 ④ 16 ① 17 ②

18 60 [Hz], 154 [kV], 길이 200 [km]인 3상 송전선로에서 대지정전용량 C_s=0.008 [μF/km] 선간정전용량 C_m=0.0010 [μF/km]일 때, 1선에 흐르는 충전전류는 약 몇 [A]인가?

① 68.9 ② 78.9
③ 89.8 ④ 97.6

해설 | 충전전류(I_c) 계산

$$I_c = \omega CE\ell$$
$$= 2\pi \times 60 \times 0.0134 \times 10^{-6}$$
$$\times 200 \times \frac{154{,}000}{\sqrt{3}}$$
$$\fallingdotseq 89.8\,[A]$$

TIP 정전용량(C) 계산
$$C = C_s + 3C_m$$
$$= 0.008 + 3 \times 0.0018$$
$$= 0.0134\,[\mu F/km]$$

19 변류기 개방 시, 2차 측을 단락하는 이유는 무엇인가?

① 측정 오차를 방지하기 위해
② 2차 측 과전류를 보호하기 위해
③ 2차 측 절연을 보호하기 위해
④ 1차 측 과전류를 방지하기 위해

해설 | **변류기 2차 개방 시 현상**
- 1차 전류가 모두 여자전류가 됨
- 2차 측에 과전압을 유기하여 절연 파괴됨
- 절연 파괴 대책 : 변류기 2차 측 단락

20 동일 전력을 동일 선간전압, 동일 역률로 동일 거리에 보낼 때, 사용하는 전선의 총중량이 같으면, 단상 2선식과 3상 3선식의 전력손실비 (3상 3선식/단상 2선식)는?

① 1/3 ② 1/2
③ 3/4 ④ 1

해설 | 단상 2선식 대비 전체 전선 중량 비
= 전력손실비(사용 전압 및 전력, 손실 일정)

- 단상 3선식 $\dfrac{3}{8}$
- 3상 3선식 $\dfrac{3}{4}$
- 3상 4선식 $\dfrac{1}{3}$

2022년 2회 — 전기산업기사 전력공학

01 초고압 장거리 송전선로에 접속되는 1차 변전소에 병렬리액터를 설치하는 이유는?

① 코로나손실 경감
② 페란티현상 방지
③ 전압강하 보상
④ 선로손실 경감

해설 | 리액터와 콘덴서

리액터 종류	역할
병렬리액터	페란티현상 방지
직렬리액터	제5고조파 제거
한류리액터	단단락전류 제한
소호리액터	지락 아크 소호

콘덴서 종류	역할
직렬 콘덴서	전압강하 보상
병렬 콘덴서	역률 개선

02 전력용 퓨즈에 대한 설명 중 틀린 것은?

① 정전용량이 크다.
② 차단용량이 크다.
③ 보수가 간단하다.
④ 가격이 저렴하다.

해설 | 전력 퓨즈(PF)
- 단락전류 차단
- 소형으로 차단 용량이 큼
- 정전용량이 작음
- 가격이 저렴하며 보수가 간단
- 차단 시 소음 적음
- 과도전류에 용단되기 쉬움

03 변압기의 손실 중, 철손의 감소 대책이 아닌 것은?

① 자속 밀도의 감소
② 고배향성 규소 강판 사용
③ 아몰퍼스 변압기의 채용
④ 권선의 단면적 증가

해설 | 변압기의 손실
- 권선의 단면적 증가 : 동손 감소 대책
- 자속 밀도의 감소, 고배향성 규소 강판 사용, 아몰퍼스 변압기의 채용 : 철손 감소 대책

정답 01 ② 02 ① 03 ④

04 뇌서지와 개폐서지를 비교한 것으로 옳은 것은?

① 파두장과 파미장이 모두 같음
② 파두장은 같고 파미장은 다름
③ 파두장과 파미장이 모두 다름
④ 파두장이 다르고 파미장은 같음

해설 | 이상전압
두 파형의 파두장과 파미장은 모두 다름

05 평형 3상 발전기에서 a상이 지락한 경우 지락전류는? (단, Z_0 : 영상임피던스, Z_1 : 정상임피던스 Z_2 : 역상임피던스이다)

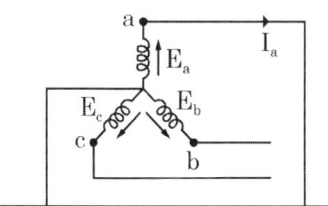

① $\dfrac{3E_a}{Z_0+Z_1+Z_2}$ ② $\dfrac{E_a}{Z_0+Z_1+Z_2}$

③ $\dfrac{2Z_2 E_a}{Z_1+Z_2}$ ④ $\dfrac{-Z_0 E_a}{Z_0+Z_1+Z_2}$

해설 | 1선 지락 시 지락전류(I_g)

$$I_g = 3I_0 = \dfrac{3E_a}{Z_0+Z_1+Z_2}$$

06 어떤 발전소의 유효낙차가 70 [m]이고, 최대 사용 수량이 10 [m³/s]일 경우 이 발전소의 이론적인 출력은 몇 [kW]인가?

① 6860 ② 9800
③ 11000 ④ 12700

해설 | 수력발전 출력 계산
P = 9.8QH = 9.8 × 10 × 70
  = 6860 [kW]

07 3상 1회선 송전선로의 소호리액터의 용량 [kVA]은 충전용량과 어떤 관계인가?

① 1선과 중성점 사이의 충전 용량과 동일
② 선간 충전용량의 1/2
③ 3선 일괄의 대지 충전 용량과 동일
④ 선로 충전용량과 동일

해설 | 소호리액터 용량 계산식
$$\omega L = \dfrac{1}{3\omega C}$$

TIP $\dfrac{1}{3\omega C}$: 3선 일괄 대지정전용량

08 선로임피던스 Z, 송수전단 양쪽에 어드미턴스 Y인 π형 회로의 4단자 정수에서 B의 값은?

① Y ② Z
③ $1+\dfrac{ZY}{2}$ ④ $Y(1+\dfrac{ZY}{4})$

해설 | π형 회로 송전단전압·전류 계산식
• $E_s = \left(1+\dfrac{ZY}{2}\right)E_r + ZI_r$
• $I_s = Y\left(1+\dfrac{ZY}{4}\right)E_r + \left(1+\dfrac{ZY}{2}\right)I_r$

정답 04 ③ 05 ① 06 ① 07 ③ 08 ②

09 전선로에 댐퍼(Damper)를 설치하는 이유는?

① 전선의 진동 방지
② 많은 전력을 보내기 위해
③ 낙뢰의 내습 방지
④ 전력손실 경감

해설 | **댐퍼(Damper)**
전선의 진동 방지 설비

10 연가를 하는 주된 목적은?

① 유도뢰의 방지　② 선로 정수의 평형
③ 미관상 필요　　④ 직격뢰의 방지

해설 | **연가효과**
- 선로정수 평형(주 목적)
- 유도장해 감소
- 중성점 잔류전압 감소
- 직렬공진 방지

11 다음 중 보일러에서 흡수 열량이 가장 큰 것은?

① 수냉벽　　　　② 공기 예열기
③ 절탄기　　　　④ 과열기

해설 | **보일러**
- 급수에 열량을 가하여 증기로 만드는 장치
- 보일러 내 수냉벽에서 가장 많은 열량 흡수

12 전력계통에서 전력용 콘덴서와 직렬로 연결하는 직렬리액터는 어떤 고조파를 제거하는가?

① 제2고조파　　② 제3고조파
③ 제4고조파　　④ 제5고조파

해설 | **직렬리액터**
- 용도 : 제5고조파 전류 억제용
- 용량 : 이론상 전력용 콘덴서 용량의 4 [%] 이상 여유, 실제 5 ~ 6 [%] 여유 필요

리액터 종류	역할
병렬리액터	페란티현상 방지
직렬리액터	제5고조파 제거
한류리액터	단락전류 제한
소호리액터	지락 아크 소호

콘덴서 종류	역할
직렬 콘덴서	전압강하 보상
병렬 콘덴서	역률 개선

13 배전용 주상변압기의 2차 측 접지 보호의 목적은?

① 1차 측 과부하 보호
② 2차 회로의 단락 보호
③ 2차 측 접지의 확산 방지
④ 1차 측과 2차 측의 혼촉에 대한 보호

해설 | **주상변압기 접지 보호 목적**
주상 변압기 1·2차 혼촉 시 2차 측 전위 상승 억제

정답　09 ①　10 ②　11 ①　12 ④　13 ④

14 전력선과 통신선과의 상호 인덕턴스에 의하여 발생되는 유도장해는?

① 고조파 유도장해 ② 정전유도장해
③ 전자유도장해 ④ 전력유도장해

해설 | 유도장해의 발생 원인
- 전자유도장해 (영상전류)
  전력선과 통신선 간 상호 인덕턴스가 원인
- 정전유도장해 (영상전압)
  전력선과 통신선 간 상호 정전용량이 원인

15 송전선로에서 코로나 임계전압이 높아지는 경우는 어느 때인가?

① 온도가 높아지는 경우
② 기압이 낮은 경우
③ 상대공기밀도가 작을 경우
④ 전선의 지름이 큰 경우

해설 | 코로나 임계전압
- 코로나 임계전압(E_0) 계산식

$$E_0 = 24.3 \, m_o m_1 \delta \, d \, \log_{10} \frac{D}{r} \, [kV]$$

- 도체직경 (d) 증가 시
  E_0가 상승하여 코로나 발생 억제함

16 154/22.9 [kV], 40 [MVA] 3상 변압기의 %리액턴스가 14 [%]라면 고압 측으로 환산한 리액턴스는 약 몇 [Ω]인가?

① 95   ② 83
③ 75   ④ 61

해설 | %리액턴스(%X) 계산

$$\% X = \frac{XP}{10 V^2}$$

$$\therefore X = \frac{\%X \, 10 V^2}{P}$$

$$= \frac{14 \times 10 \times 154^2}{40000} \fallingdotseq 83 \, [\Omega]$$

17 동일전압, 동일전력 송전 시 역률을 0.7에서 0.95로 개선하면 전력손실은 개선 전에 비해 약 몇 [%]인가?

① 54   ② 45
③ 30   ④ 15

해설 | 역률 개선 전·후 전력손실(P_l)의 비

$$P_l \propto \frac{1}{\cos^2 \theta}$$

$$\therefore \frac{P_{l2}}{P_{l1}} = \left(\frac{\cos \theta_1}{\cos \theta_2}\right)^2 = \left(\frac{0.7}{0.95}\right)^2$$

$$\fallingdotseq 0.54 = 54 \, [\%]$$

18 차단기의 종류 중 소호실에서 아크에 의한 절연유 분해가스의 흡부력을 이용하여 차단하는 것은?

① 가스차단기   ② 기중차단기
③ 자기차단기   ④ 유입차단기

해설 | 유입차단기(OCB)
차단기는 소호매질에 따라 분류한다.
유입차단기는 절연유 분해가스의 흡부력을 이용하는 차단기이다.

정답 14 ③ 15 ④ 16 ② 17 ① 18 ④

19 송전선로에서 저항 R, 리액턴스 X의 관계는?

① R ≥ 2X ② R > X
③ R = X   ④ R < X

해설 | 송전선로 R과 X 관계
R < X
송전선로에서는 저항보다 리액턴스의 값이 크다.

20 일정값 이상의 전류가 흐르면 동작하는 보호계전기 중, 동작전류가 낮은 구간에서는 동작전류의 증가에 따라 동작 시간이 짧아지고, 그 이상이면 동작전류의 크기에 관계없이 일정한 시간에서 동작하는 특성은?

① 정한시 특성
② 반한시 특성
③ 순한시 특성
④ 반한시성 정한시 특성

해설 | 반한시 정한시 특성
- 동작전류가 커질수록 동작 시간 짧음
- 설정 전류 이상 시 동작전류 크기에 관계없이 일정한 시간에 동작하는 특성

정답 19 ④ 20 ④

2022년 3회

전기산업기사 전력공학

01 3상 수직 배치인 선로에서 오프셋(Offset)을 주는 이유는?

① 전선의 진동 억제
② 단락 방지
③ 철탑의 중량 감소
④ 전선의 풍압 감소

해설 | 오프셋(Offset)
상하 전선의 접촉 방지 거리

02 부하역률이 $\cos\phi$인 배전선로의 저항 손실은 같은 크기의 부하전력에서 역률 1일 때 저항 손실의 몇 배인가?

① $\cos^2\phi$
② $\cos\phi$
③ $\dfrac{1}{\cos\phi}$
④ $\dfrac{1}{\cos^2\phi}$

해설 | 전력손실(P_l)과 역률의 관계식

• $P_l = I^2 R = \left(\dfrac{P}{V\cos\theta}\right)^2 R$

$= \dfrac{P^2 R}{V^2 \cos^2\theta}[W]$

∴ $P \propto \dfrac{1}{\cos^2\theta}$

03 정삼각형 배치의 선간거리가 1 [m]이고, 전선의 지름이 0.2 [cm]인 3상 가공 송전선의 1선의 정전용량은 약 몇 [μF/km]인가?

① 0.008
② 0.016
③ 0.024
④ 0.032

해설 | 작용정전용량(C) 계산

$C = \dfrac{0.02413}{\log_{10} \dfrac{1}{0.1 \times 10^{-2}}}$

$= 0.008 \times 10^{-6} = 0.008\ [\mu F]$

04 정해진 값 이상의 전류가 흘러 보호계전기가 동작할 때 동작전류가 낮은 구간에서는 동작전류의 증가에 따라 동작 시간이 짧아지고, 그 이상이면 동작전류의 크기에 관계없이 일정한 시간에서 동작하는 특성은?

① 정한시 특성
② 반한시 특성
③ 순시 특성
④ 반한시성 정한시 특성

해설 | 반한시 정한시 특성
• 동작전류가 커질수록 동작 시간 짧음
• 설정전류 이상 시 동작전류 크기에 관계없이 일정한 시간에 동작하는 특성

정답 01 ② 02 ④ 03 ① 04 ④

05 송전거리, 전력, 손실률 및 역률이 모두 일정할 때, 전선의 굵기는 무엇에 비례 또는 반비례 하는가?

① 전류에 비례한다.
② 전류에 반비례한다.
③ 전압의 제곱에 비례한다.
④ 전압의 제곱에 반비례한다.

해설 | 전압 n배 승압 시 각 전기 요소 값
- 공급전력 $P \propto V^2$
- 전압강하 $e \propto \dfrac{1}{V}$
- 전선 굵기 $A \propto \dfrac{1}{V^2}$
- 전압강하율 $\varepsilon \propto \dfrac{1}{V^2}$
- 전력손실률 $P_l \propto \dfrac{1}{V^2}$

06 17~22개를 한 줄로 이어 단 표준현수애자를 사용하는 전압(kV)은?

① 66 [kV]   ② 154 [kV]
③ 345 [kV] ④ 765 [kV]

해설 | 현수애자의 전압별 사용 개수

[kV]	66	154	345	765
개수	4~6	9~11	18~23	39~43

TIP • $kV \div 20$ = 대략적인 애자련의 개수
• $\dfrac{345\,[kV]}{20} ≒ 18$개

07 송배전 선로에서 내부 이상전압에 속하지 않는 것은?

① 유도뢰에 의한 이상전압
② 개폐 이상전압
③ 계통 조작과 고장 시의 지속 이상전압
④ 사고 시의 과도 이상전압

해설 | 외부 이상전압
내부 이상전압에 속하지 않는 것은 외부 이상전압이다.
외부 이상전압 : 직격뢰, 유도뢰

08 양수량 Q [m³/s], 총 양정 h [m], 펌프효율 η인 경우 양수펌프용 전동기의 출력 P [kW]는? (단, k는 상수)

① $k\dfrac{Q^2 H^2}{\eta}$ ② $k\dfrac{Q^2 H}{\eta}$
③ $k\dfrac{QH^2}{\eta}$ ④ $k\dfrac{QH}{\eta}$

해설 | 전동기의 출력 P [kW]
- 수력 발전 출력 $P = 9.8 QH\eta\ [kW]$
- 양수 발전 출력 $P = \dfrac{9.8 QH}{\eta}\ [kW]$

09 외뢰(外雷)에 대한 주 보호장치로서 송전계통의 절연협조의 기본이 되는 것은?

① 애자   ② 변압기
③ 차단기   ④ 피뢰기

정답 05 ④ 06 ③ 07 ① 08 ④ 09 ④

해설 | **절연협조**
- 피뢰기의 제한전압이 기본이 됨
- 계통 상호 간 적정한 절연강도를 지니게 함
- 계통 설계를 합리적·경제적으로 함
- 절연협조에 의한 절연강도 순서
  피뢰기 → 변압기 → 기기부싱 → 결합 콘덴서 → 선로애자 (강해지는 순서)

10 주상변압기의 1차 측 전압이 일정할 경우 2차 측 부하가 변하면 주상 변압기의 동손과 철손은 어떻게 되는가?

① 동손과 철손은 모두 변함
② 동손은 변하고, 철손은 일정
③ 동손은 일정하고, 철손이 변함
④ 동손과 철손은 모두 일정

해설 | **주상 변압기의 동손과 철손**
- 동손 : 부하 증가 시, 비례하여 증가하는 부하손
- 철손 : 부하의 크기에 관계없이 일정한 무부하손

11 어느 발전소에서 합성 임피던스가 0.4 [%] (10 [MVA] 기준)인 장소에 설치하는 차단기의 차단용량은 몇 [MVA]인가?

① 10   ② 250
③ 1000   ④ 2500

해설 | **차단기 차단용량(P_s) 계산**

$P_s = \dfrac{100}{\%Z} P_n = \dfrac{100}{0.4} \times 10$
$= 2500 \, [MVA]$

12 연가를 하는 주된 목적은?

① 선로정수의 평형
② 유도뢰의 방지
③ 계전기의 확실한 동작 확보
④ 전선의 절약

해설 | **연가효과**
- 선로정수 평형(주 목적)
- 유도장해 감소
- 중성점 잔류전압 감소
- 직렬공진 방지

13 단위길이당 인덕턴스와 커패시턴스가 각각 L 및 C일 때, 장거리 전송선로의 특성임피던스는?

① $\dfrac{L}{C}$ ② $\dfrac{C}{L}$

③ $\sqrt{\dfrac{C}{L}}$ ④ $\sqrt{\dfrac{L}{C}}$

해설 | **특성임피던스(Z_0)**

$Z_0 = \sqrt{\dfrac{Z}{Y}} = \sqrt{\dfrac{R+jwL}{G+jwC}}$
$= \sqrt{\dfrac{L}{C}} \, [\Omega]$

정답 10 ② 11 ④ 12 ① 13 ④

14 어떤 발전소에서 발열량 5500 [kcal/kg]의 석탄 12 [ton]을 사용하여 25000 [kWh]의 전력을 발생하였을 경우 이 발전소의 열효율은 약 몇 [%]인가?

① 22.5   ② 32.6
③ 34.4   ④ 35.3

해설 | 화력 발전소의 열효율(η) 계산

$$\eta = \frac{860\,W}{mH} \times 100[\%]$$

$$= \frac{860 \times 25000}{12 \times 10^3 \times 5500} \times 100[\%]$$

$$= 32.6[\%]$$

15 송배전 선로에 사용하는 직렬 콘덴서에 대한 설명으로 옳은 것은?

① 장거리 선로의 유도리액턴스를 보상하고 전압강하를 감소
② 부하의 변동에 따른 수전단의 전압 변동률은 증대
③ 최대 송전전력이 감소하고 정태 안정도가 감소
④ 송수 양단의 전달임피던스가 증가하고 안정 극한 전력이 감소

해설 | 직렬콘덴서(C)
- 전압강하 보상을 위하여 부하와 직렬접속
- 선로 인덕턴스를 보상하여 정태 안정도 증가

콘덴서 종류	역할
직렬 콘덴서	전압강하 보상
병렬 콘덴서	역률 개선

16 차단기의 정격차단시간에 대한 정의로 옳은 것은?

① 고장 발생부터 소호까지의 시간
② 가동접촉자 개극부터 소호까지의 시간
③ 트립 코일 여자부터 소호까지의 시간
④ 가동접촉자 시동부터 소호까지의 시간

해설 | 차단기 정격 차단 시간
- 트립 코일 여자부터 아크 소호까지의 시간

17 3상 3선식 3각형 배치의 송전선로가 있다. 선로가 연가되어 각 선간의 정전용량이 0.007 [μF/km], 각 선의 대지정전용량은 0.002 [μF/km] 라고 하면 1선의 작용정전용량은 몇 [μF/km]인가?

① 0.03   ② 0.023
③ 0.012 ④ 0.006

해설 | 정전용량(C) 계산

$C = C_s + 3C_m = 0.002 + 3 \times 0.007$
$= 0.023\ [\mu F/km]$

18 SF_6 가스차단기의 설명으로 옳지 않은 것은?

① 밀폐 구조이므로 개폐 시 소음이 적다.
② SF_6 가스는 절연내력이 공기보다 크다.
③ 근거리 고장 등 가혹한 재기 전압에 대해서 성능이 우수하다.
④ 아크에 의해 SF_6 가스는 분해되어 유독 가스를 발생시킨다.

해설 | SF₆ 가스
- 가스차단기 소호매질로 사용
- 무색, 무취, 무해한 가스

19 배전선에서 균등하게 분포된 부하일 경우, 배전선 말단의 전압강하는 모든 부하가 배전선의 어느 지점에 집중되어 있을 때의 전압강하와 같은가?

① 2/3　② 1/3
③ 1/2　④ 1/5

해설 | 말단부하와 비교하여 균일 부하 시
- 전력손실 $P_l = \dfrac{1}{3}I^2 R$
- 전압강하 $e = \dfrac{1}{2}IR$

20 π형 회로의 일반회로 정수에서 B는 무엇을 의미하는가?

① 임피던스　② 리액턴스
③ 컨덕턴스　④ 어드미턴스

해설 | π형 회로 송전단전압·전류 계산식
- $E_s = \left(1 + \dfrac{ZY}{2}\right)E_r + ZI_r$
- $I_s = Y\left(1 + \dfrac{ZY}{4}\right)E_r + \left(1 + \dfrac{ZY}{2}\right)I_r$

정답　19 ③　20 ①

2021년 1회

전기산업기사 전력공학

---

01 10 [kVA] 단상변압기 3대를 △ - △결선으로 사용하다가 1대의 고장으로 V - V결선으로 사용하면 약 몇 [kVA] 부하까지 사용할 수 있는가?

① 16.3　　② 17.3
③ 16.8　　④ 20

해설 | V결선 출력(P_V) 계산
$P_V = \sqrt{3}\,P = \sqrt{3} \times 10 = 17.3\,[kVA]$

---

02 수전용 변전설비의 1차 측에 설치되는 차단기의 용량을 결정할 때 필요한 값은?

① 공급 측 전원의 단락용량
② 수전점의 역률과 부하율
③ 수전 계약용량
④ 부하설비의 단락용량

해설 | 1차 측 차단기 용량
공급 측 전원의 단락 용량에 의해 선정

---

03 원자로에서 카드뮴봉(Rod)에 대한 설명으로 옳은 것은?

① 냉각재로 사용된다.
② 핵분열 연쇄반응을 제어한다.
③ 생체차폐로 사용된다.
④ 감속재로 사용된다.

해설 | 제어봉
원자로의 핵분열 반응속도를 조절하는 것으로 카드뮴(Cd), 인듐(In), 은(Ag), 붕소(B) 등의 물질을 사용한다.

---

04 $E_s = AE_r + BI_r$, $I_s = CE_r + DI_r$ 의 전파방정식을 만족하는 전력원선도의 반경 크기는?

① $\dfrac{E_s E_r}{A}$　　② $\dfrac{E_s E_r}{B}$
③ $\dfrac{E_s E_r}{C}$　　④ $\dfrac{E_s E_r}{D}$

해설 | 원선도의 반지름
$\rho = \dfrac{E_S E_R}{B}$

---

05 송전선로의 중성점 접지의 주된 목적은?

① 단락전류 제한
② 송전용량의 극대화
③ 전압강하의 극소화
④ 이상전압의 발생 방지

해설 | 중성점 접지 목적
- 이상전압의 경감 및 발생 억제(주 목적)
- 절연레벨 경감
- 접지계전기의 확실한 동작
- 소호리액터 접지 시 1선 지락 아크 소멸
- 과도 안정도의 증진

정답　01 ②　02 ①　03 ②　04 ②　05 ④

06 동일 굵기의 전선으로 된 3상 3선식 2회선 송전선이 있다. A회선의 전류는 100 [A], B회선의 전류는 50 [A]이고 선로 손실은 합계 50 [kW]이다. 개폐기를 닫아서 두 회선을 병렬로 사용하여 합계 150 [A]의 전류를 통하도록 하려면 선로 손실(kW)은?

① 55 ② 40
③ 50 ④ 45

해설 | 선로 손실
- 굵기가 동일하여 저항이 같으므로

$$P_{lA} + P_{lB} = I_A^2 R + I_B^2 R$$
$$= 100^2 R + 50^2 R$$
$$= 12500R = 50[kW]$$

- 개폐기를 닫은 후 전류는 평형이 되므로

$$P'_{lA} + P'_{lB} = I'^2_A R + I'^2_B R$$
$$= 75^2 R + 75^2 R = 11250R$$

- 개폐기를 연 후 전력손실은

$$50 \times \frac{11250}{12500} = 45[kW]$$

07 영상변류기를 사용하는 계전기는?

① 지락 계전기 ② 차동 계전기
③ 과전류 계전기 ④ 과전압 계전기

해설 | 영상변류기(ZCT)
- 지락사고 시 지락전류(영상전류) 검출
- 별도의 차단전류가 필요
- 지락 계전기(GR), 선택 지락 계전기(SGR) 등 추가 설치

08 송전계통의 접지에 대한 설명으로 옳은 것은?

① 비접지 방식을 택하는 경우 지락전류 차단이 용이하고 장거리 송전을 할 경우 이중고장의 발생을 예방하기 좋다.
② 소호리액터 접지 방식은 선로의 정전용량의 직렬공진을 이용한 것으로 지락전류가 타 방식에 비해 큰 편이다.
③ 고저항 접지 방식은 이중고장을 발생시킬 확률이 거의 없으나 비접지식보다는 많은 편이다.
④ 직접 접지 방식을 채용하는 경우 이상전압이 낮기 때문에 변압기 선정 시 단절연이 가능하다.

해설 | 접지 특징
- 비접지 방식을 택하는 경우 장거리 송전을 할 경우 이중고장의 발생이 쉽다.
- 소호리액터 접지 방식은 선로의 정전용량의 병렬공진을 이용한 것으로 지락전류가 타 방식에 비해 작은 편이다.
- 고저항 접지 방식은 이중고장을 발생시킬 확률이 높다
- 직접 접지 방식을 채용하는 경우 이상전압이 낮기 때문에 변압기 선정 시 단절연이 가능하다.

09 단상 2선식 배전선로에서 대지정전용량을 C_0, 선간정전용량을 C_m이라고 할 때 작용정전용량은?

① $C = 2C_0 + C_m$ ② $C = C_0 + 2C_m$
③ $C = C_0 + C_m$ ④ $C = C_0 - 2C_m$

해설 | 단상 정전용량(C) 계산
$C = C_0 + 2C_m$

10 피뢰기의 제한전압이란?

① 속류를 끊을 수 있는 최고의 교류전압
② 피뢰기 동작 중 단자전압의 파고값
③ 피뢰기에 걸린 회로 전압
④ 특성요소에 흐르는 전압의 순싯값

해설 | 피뢰기 제한전압
- 피뢰기가 처리하고 남은 전압
- <u>충격충격파전류가 흐르고 있을 때, 피뢰기 단자전압의 파고값</u>

11 수력발전소의 저수지 용량 등을 결정하는 데 사용되는 것으로 가장 적합한 것은?

① 유량도   ② 유황곡선
③ 수위 유량곡선   ④ 적산 유량곡선

해설 | 적산 유량곡선
누적된 유량을 기록한 유량곡선을 뜻하며 이를 통해서 저수지의 용량을 결정한다.

12 배전선로 전압을 조정하는 방법은?

① 영상변류기 설치
② 중성점 접지
③ 병렬콘덴서 사용
④ 주상변압기 탭 전환

해설 | 배전선로의 전압조정 방법
- 배전선로에서 모선을 일괄 조정
- 배전용변압기에서 <u>주상변압기의 탭 조정</u>
- 배전용변전소의 주변압기 부하 시 탭 조정

13 정격전압이 3상 6900 [V]이고, 단락전류가 40 [kA]일 때 사용하여야 하는 차단기의 차단용량 [MVA]은 약 얼마인가?

① 585   ② 250
③ 478   ④ 375

해설 | 차단기의 차단용량
$$P_s = \sqrt{3}\, V_n I_s\ [MVA]$$
$$= \sqrt{3} \times 6.9 \times 40 = 478\,[MVA]$$

14 차단기의 정격전압별 정격차단시간(Cycle)이 잘못 연결된 것은?

① 72.5 [kV] : 5 cycle
② 170 [kV] : 3 cycle
③ 25.8 [kV] : 5 cycle
④ 362 [kV] : 1 cycle

해설 | 차단기의 정격전압별 정격차단시간
- 72.5 [kV] : 5 cycle
- 25.8 [kV] : 5 cycle
- 170 [kV] : 3 cycle
- 362 [kV] : 3 cycle

15 직렬 커패시터를 선로에 삽입할 때의 현상으로 옳은 것은?

① 계통의 정태안정도를 증가시킨다.
② 부하의 역률을 개선한다.
③ 선로의 리액턴스가 증가한다.
④ 선로의 전압강하를 줄일 수 없다.

해설 | **안정도 향상 대책**
- 계통의 직렬 리액턴스 감소
- 조속기 작동을 빠르게 함
- 속응 여자 방식
- 계통연계 방식
- <u>고속도 재폐로 방식</u>
- 중간 조상 방식
- 직렬 콘덴서 설치
- 병렬 회선 수 늘림

16 배전선로의 전기 방식 중 전선의 중량(전선비용)이 가장 적게 소요되는 전기 방식은? (단, '배전전압, 거리, 전력 및 선로손실 등은 같다'로 한다)

① 단상 3선식　② 3상 3선식
③ 3상 4선식　④ 단상 2선식

해설 | **단상 2선식 대비 전체 전선 중량 비**
단상 2선식 대비 전체 전선 중량 비
=전력손실비(사용 전압 및 전력, 손실 일정)
- 단상 3선식 $\frac{3}{8}$
- 3상 3선식 $\frac{3}{4}$
- 3상 4선식 $\frac{1}{3}$
- 3상 4선식이 가장 적게 소모된다.

17 다음 중 VCB의 소호 원리로 옳은 것은?

① 고진공에서 전자의 고속도 확산에 의해 차단
② 압축된 공기를 아크에 불어넣어서 차단
③ 절연유 분해가스의 음부력을 이용해서 차단
④ 고성능 절연특성을 가진 가스를 이용하여 차단

해설 | **진공차단기(VCB)**
- 진공 중의 아크 소호 능력을 이용
- 22.9 [kV] 이하 수·변전 설비에서 많이 사용

18 피뢰기에 대한 설명으로 틀린 것은?

① 충격방전 개시전압이 높아야 한다.
② 이상전압의 방전과 속류차단의 작용을 한다.
③ 유도뢰에 의한 전압파는 정반사한다.
④ 상용주파 개시전압이 높아야 한다.

해설 | **피뢰기 구비 조건**
- 상용주파 방전 개시 전압이 높을 것
- <u>충격 방전 개시 전압이 낮을 것</u>
- 속류 (기류) 차단 능력이 클 것
- 제한전압이 낮을 것
- 내구성 및 경제성이 있을 것
- 방전 내량이 클 것

정답　15 ①　16 ③　17 ①　18 ①

19 송전선로에서 코로나 임계전압이 높아지는 경우는?

① 온도가 높아지는 경우
② 상대공기밀도가 낮은 경우
③ 전선의 지름이 큰 경우
④ 기압이 낮은 경우

해설 | 각 요소들과 코로나 임계전압(E_0)의 관계
$$E_0 = 24.3\, m_o\, m_1\, \delta\, d \log_{10} \frac{D}{r}\ [kV]$$
- m_0 : 전선표면계수
- m_1 : 날씨계수
- δ : 상대 공기 밀도
  (온도가 낮으면 높아지고, 기압이 높으면 높아짐)
- d : 전선 직경

위 요소들이 클수록 임계전압 E_0 상승

20 송전계통의 안정도 향상대책이 될 수 없는 것은?

① 속응 여자 방식을 채용하거나 고속도 재폐로 방식을 채용한다.
② 송전전압을 높인다.
③ 발전기의 단락비를 크게 하거나 중간 조상기를 설비한다.
④ 계통의 리액턴스를 증가시키기 위하여 직렬리액터를 설치한다.

해설 | 안정도 향상 대책
- 계통의 직렬 리액턴스 감소
- 조속기 작동을 빠르게 한다.
- 속응 여자 방식
- 계통연계 방식
- 고속도 재폐로 방식
- 중간 조상 방식
- 직렬 콘덴서 설치
- 병렬 회선 수 늘림
- 계통의 리액턴스를 감소시키기 위하여 직렬리액터를 설치

정답 19 ③ 20 ④

2021년 2회

전기산업기사 — 전력공학

---

01 저항 2 [Ω], 유도리액턴스 10 [Ω]의 단상 2선식 배전선로의 전압강하를 보상하기 위하여 용량리액턴스 5 [Ω]의 콘덴서를 삽입하였을 때 부하단 전압은 몇 [V]인가? (단, 전원은 7000 [V], 부하전류 200 [A], 역률은 0.8(뒤짐)이다)

① 6080 ② 7000
③ 7080 ④ 8080

해설 | 전압강하
- $V_s - V_r = e$, $e = I(R\cos\theta + X\sin\theta)$
- 부하단 전압
$V_r = V_s - e$
$= 7000 - 200(2 \times 0.8 + 5 \times 0.6)$
$= 6080 \, [V]$

---

02 송전선로의 고장전류 계산에 영상임피던스가 필요한 경우는?

① 1선 지락 ② 3상 단락
③ 3선 단선 ④ 선간 단락

해설 | 대칭좌표법

고장 종류	대칭분
3상 단락	정상분
선간 단락	정상분, 역상분
1선 지락	정상분, 역상분, 영상분

---

03 전선에서 전류의 밀도가 도선의 중심으로 들어갈수록 작아지는 현상은?

① 페란티효과 ② 표피효과
③ 근접효과   ④ 접지효과

해설 | 표피효과(전류가 표피 측으로 흐름)
(1) 침투 깊이 $\delta = \dfrac{1}{\sqrt{\pi f \mu k}} \, [m]$

f : 주파수 μ : 투자율 k : 도전율
(2) 침투깊이와 표피효과 관계
- 투자율이 클수록
- 주파수 높을수록
- 전선 굵을수록
- 도전율 높을수록
침투깊이가 작아지므로 표피효과에 비례

---

04 중성점 고저항 접지 방식의 평행 2회선 송전선로의 지락사고의 차단에 사용되는 계전기는?

① 선택접지계전기 ② 역상계전기
③ 거리계전기   ④ 과부하계전기

해설 | 선택접지 계전기(SGR)
병행 2회선에서 지락 고장 회선 선택 차단

정답 01 ① 02 ① 03 ② 04 ①

05 가공선계통을 지중선계통과 비교할 때 인덕턴스 및 정전용량은 어떠한가?

① 인덕턴스, 정전용량이 모두 작다.
② 인덕턴스, 정전용량이 모두 크다.
③ 인덕턴스는 크고, 정전용량은 작다.
④ 인덕턴스는 작고, 정전용량은 크다.

해설 | 가공선과 인덕턴스 및 정전용량 관계

- 인덕턴스 $L = 0.05 + 0.4605 \log_{10} \dfrac{D}{r}$
- 정전용량 $C = \dfrac{0.02413}{\log_{10} \dfrac{D}{r}}$
- 가공선은 선간거리 D가 지중선보다 큼
  ∴ 인덕턴스 증가, 정전용량 감소

06 배전선로의 전기적 특성 중 그 값이 1 이상인 것은?

① 전압강하율   ② 부등률
③ 부하율   ④ 수용률

해설 | 부등률 계산식

$$부등률 = \dfrac{각\ 수용가\ 최대수용전력의\ 합}{합성\ 최대수용전력\ (동시간대)} \geq 1$$

07 수전용량에 비해 첨두부하가 커지면 부하율은 그에 따라 어떻게 되는가?

① 낮아진다.
② 높아진다.
③ 변하지 않고 일정하다.
④ 부하의 종류에 따라 달라진다.

해설 | 부하율과 역률 계산

$$부하율 = \dfrac{평균수용전력}{최대수용전력} \times 100$$

첨두부하가 커지면 최대수용전력이 커지므로 부하율은 낮아진다.

08 배전선로의 전기 방식 중 전선의 중량이 가장 적게 소요되는 전기 방식은? (단, 배전전압, 거리, 전력 및 선로손실 등은 같다고 한다)

① 단상 2선식   ② 단상 3선식
③ 3상 3선식   ④ 3상 4선식

해설 | 단상 2선식 대비 전체 전선 중량 비
= 전력손실비(사용 전압 및 전력, 손실 일정)

- 단상 3선식 $\dfrac{3}{8}$
- 3상 3선식 $\dfrac{3}{4}$
- 3상 4선식 $\dfrac{1}{3}$
- 3상 4선식이 가장 적게 소모된다.

9 그림과 같은 단상 2선식 배전선로에서 부하 단자전압 V_{R2} [V]는? (단, $r_1 = 1$ [Ω], $X_1 = 2$ [Ω], $r_2 = 2$ [Ω], $X_2 = 4$ [Ω])

```
        r₁  x₁    r₂  x₂
  ○─────────┬─────────┬
  3500V    │V_R1    │V_R2
           │         │
       (50A, 역률 0.8) (30A, 역률 0.9)
```

① 3241 ② 3254
③ 3347 ④ 3360

해설 | **전압강하**

$V_{R1} = V_s - I_1(R_1\cos\theta_1 + X_1\sin\theta_1)$
$\quad - I_2(R_1\cos\theta_2 + X_1\sin\theta_2)$

$V_{R1} = 3500 - 50(1 \times 0.8 + 2 \times 0.6)$
$\quad - 30(1 \times 0.9 + 2 \times \sqrt{1-0.9^2})$
$\quad = 3346.85\,[V]$

$V_{R2} = V_{R1} - I_2(R_2\cos\theta_2 + X_2\sin\theta_2)$

$V_{R2} = 3346.85$
$\quad - 30(2 \times 0.9 + 4 \times \sqrt{1-0.9^2})$
$\quad = 3241\,[V]$

10 표시선 계전 방식이 아닌 것은?

① 전압반향 방식 (Opposed Voltage System)
② 방향비교 방식 (Directional Comparison System)
③ 전류순환 방식 (Circulating Current System)
④ 반송계전 방식 (Carrier-pilot Relay System)

해설 | **표시선 계전 방식**
- 전압반향 방식
- 방향비교 방식
- 전류순환 방식

11 가공 전선로에서 전선의 단위길이당 중량과 경간이 일정할 때 이도는 어떻게 되는가?

① 전선의 장력에 반비례한다.
② 전선의 장력에 비례한다.
③ 전선의 장력의 2승에 반비례한다.
④ 전선의 장력의 2승에 비례한다.

해설 | **전선의 이도(D) 계산**

$\cdot\ D = \dfrac{WS^2}{8T}$

W : 1 [m]당 전선하중[kg/m]
S : 경간[m]
T : 수평장력[kg]

- 전선의 장력에 반비례한다.

12 전력용 퓨즈는 주로 어떤 전류의 차단을 목적으로 사용하는가?

① 지락전류 ② 단락전류
③ 과도전류 ④ 과부하전류

해설 | **전력 퓨즈(PF)**
- 단락전류 차단
- 소형으로 차단 용량이 큼
- 가격이 저렴하며 보수가 간단
- 차단 시 소음이 적음
- 과도전류에 용단되기 쉬움

정답 09 ① 10 ④ 11 ① 12 ②

13 수조에 대한 설명 중 틀린 것은?

① 수로 내의 수위의 이상 상승을 방지한다.
② 수로식 발전소의 수로 처음 부분과 수압관 아래 부분에 설치한다.
③ 수로에서 유입하는 물속의 토사를 침전시켜서 배사문으로 배사하고 부유물을 제거한다.
④ 상수조는 최대사용수량의 1~2분 정도의 조정 용량을 가질 필요가 있다.

해설 | 수조
- 유하(흘러내리는) 토사의 최종적인 침전
- 유량의 과부족 조정
  (최대 사용 수량의 1~2분 정도)
- 수로 내 수위 상승 억제

14 선로 고장 발생 시 고장전류를 차단할 수 없어 리클로저와 같이 차단 기능이 있는 후비 보호 장치와 직렬로 설치되어야 하는 장치는?

① 배선용 차단기
② 유입 개폐기
③ 컷아웃 스위치
④ 섹셔널라이저

해설 | 섹셔널라이저(SE)
- 고장전류 차단할 수 있는 능력이 없음
- 리클로저와 직렬로 조합

TIP 리클로저(R) - 섹셔널라이저(S) 순

15 송전선로에서 변압기의 유기 기전력에 의해 발생하는 고조파중 제3고조파를 제거하기 위한 방법으로 가장 적당한 것은?

① 변압기를 △결선한다.
② 동기 조상기를 설치한다.
③ 직렬리액터를 설치한다.
④ 전력용 콘덴서를 설치한다.

해설 | 변압기 △결선 목적
제3고조파 제거

16 우리나라에서 현재 사용되고 있는 송전전압에 해당되는 것은?

① 150 [kV]   ② 220 [kV]
③ 345 [kV]   ④ 500 [kV]

해설 | 정격전압
- 송전선 정격전압 : 765, 345, 154 [kV]
- 배전선 정격전압 : 22.9 [kV]

정답 13 ② 14 ④ 15 ① 16 ③

17 저압 뱅킹 배전 방식에서 캐스케이딩이란?

① 변압기의 전압 배분을 자동으로 하는 것
② 수전단전압이 송전단전압보다 높아지는 현상
③ 저압선에 고장이 생기면 건전한 변압기의 일부 또는 전부가 연쇄적으로 차단되는 현상
④ 전압 동요가 일어나면 연쇄적으로 파동치는 현상

해설 | 캐스케이딩(Cascading)
- 변압기 2차 측 일부 고장으로 건전한 변압기 일부 또는 전부 고장 발생
- 캐스케이딩 대책 : 구분퓨즈

18 다음 그림은 카르노 사이클(Carnot Cycle)을 표현한 것이다. 단열팽창에 해당 되는 구간은? (단, P는 압력이고 V는 부피이다)

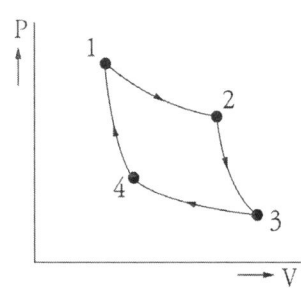

① 1 → 2
② 2 → 3
③ 3 → 4
④ 4 → 1

해설 | 카르노 사이클
- 1 → 2 : 등온팽창(보일러)
- 2 → 3 : 단열팽창(터빈)
- 3 → 4 : 등온압축(복수기)
- 4 → 1 : 단열압축(급수펌프)

19 양수발전의 주된 목적으로 옳은 것은?

① 연간 발전량을 늘이기 위하여
② 연간 평균 손실 전력을 줄이기 위하여
③ 연간 발전비용을 줄이기 위하여
④ 연간 수력발전량을 늘이기 위하여

해설 | 양수 발전
- 심야 경부하 시 발전 단가 낮은 잉여 전력을 사용
- 낮은 곳에 있는 물을 높은 곳으로 퍼 올렸다가 첨두부하 시 발전에 사용
- 연간 발전 비용 감소

20 연간 전력량이 E [kWh]이고, 연간 최대전력이 W [kW]인 연부하율은 몇 [%]인가?

① $\dfrac{E}{W} \times 100$
② $\dfrac{\sqrt{3}\,W}{E} \times 100$
③ $\dfrac{8760\,W}{E} \times 100$
④ $\dfrac{E}{8760\,W} \times 100$

해설 | 연부하율 계산

$$연부하율 = \dfrac{연간\ 평균수용전력}{연간\ 최대수용전력} \times 100\ [\%]$$

$$= \dfrac{\dfrac{E}{365 \times 24}}{W} \times 100$$

$$= \dfrac{E}{8760\,W} \times 100$$

2021년 3회

01 선간전압이 154 [kV]이고, 1상당의 임피던스가 j8 [Ω]인 기기가 있을 때, 기준 용량을 100 [MVA]로 하면 %임피던스는 약 몇 [%]인가?

① 2.75 ② 3.15
③ 3.37 ④ 4.25

해설 | %임피던스(%Z) 계산

$$\%Z = \frac{ZP}{10V^2} = \frac{8 \times 100{,}000}{10 \times 154^2}$$
$$= 3.37\ [\%]$$

TIP V 및 P_n의 단위는 [kV] 및 [kVA]여야 함

02 소호리액터 접지 방식에서 10[%] 정도의 과보상을 한다고 할 때 사용되는 탭의 크기로 일반적인 것은?

① $\omega L > \dfrac{1}{3\omega C}$

② $\omega L < \dfrac{1}{3\omega C}$

③ $\omega L > \dfrac{1}{3\omega^2 C}$

④ $\omega L < \dfrac{1}{3\omega^2 C}$

해설 | 소호리액터 접지 탭조정
소호리액터 접지 방식에서 10 [%] 정도의 과보상을 한다($\omega L < \dfrac{1}{3\omega C}$).

03 연가를 하는 주된 목적은?

① 미관상 필요
② 전압강하 방지
③ 선로정수의 평형
④ 전선로의 비틀림 방지

해설 | 연가효과
- 선로정수 평형(주 목적)
- 유도장해 감소
- 중성점 잔류전압 감소
- 직렬공진 방지

04 가스터빈 발전의 장점은?

① 효율이 가장 높은 발전 방식이다.
② 기동시간이 짧아 첨두부하용으로 사용하기 쉽다.
③ 어떤 종류의 가스라도 연료로 사용이 가능하다.
④ 장기간 운전해도 고장이 적으며, 발전 효율이 높다.

해설 | 가스터빈
기동시간이 짧아 첨두부하용으로 사용이 가능해서 미리 수요전력을 알면 빠르게 대처가 가능하다.

정답 01 ③ 02 ② 03 ③ 04 ②

05 장거리 송전로에서 4단자 정수가 같은 것은?

① A = B
② B = C
③ C = D
④ A = D

해설 | 장거리 송전선로 일반식
- $A = \cosh\sqrt{ZY}$
- $B = \sqrt{\dfrac{Z}{Y}}\sinh\sqrt{ZY}$
- $C = \sqrt{\dfrac{Y}{Z}}\sinh\sqrt{ZY}$
- $D = \cosh\sqrt{ZY}$

06 중거리 송전선로에서 T형 회로일 경우 4단자 정수 A는?

① $1 + \dfrac{ZY}{2}$
② $1 - \dfrac{ZY}{4}$
③ Z
④ Y

해설 | T형 회로 송전단전압·전류 계산식
- $E_s = (1 + \dfrac{ZY}{2})E_r + Z(1 + \dfrac{ZY}{4})I_r$
- $I_s = YE_r + (1 + \dfrac{ZY}{2})I_r$

07 가압수형 원자력발전소에 사용하는 연료, 감속재 및 냉각재로 적당한 것은?

① 연료 : 천연우라늄, 감속재 : 흑연, 냉각재 : 이산화탄소
② 연료 : 농축우라늄, 감속재 : 중수, 냉각재 : 경수
③ 연료 : 저농축우라늄, 감속재 : 경수, 냉각재 : 경수
④ 연료 : 저농축우라늄, 감속재 : 흑연, 냉각재 : 경수

해설 | 원자력 발전소
(1) 가압수형 원자로
- 연료 : 저농축우라늄
- 감속재 : 경수
- 냉각재 : 경수
(2) 비등수형 원자로
- 연료 : 저농축우라늄
- 감속재 : 경수
- 냉각재 : 경수
(3) 고속증식로
- 연료 : 고농축우라늄
- 냉각재 : 나트륨

08 수차의 특유속도를 나타내는 식은? (단, N : 정격 회전 수[rpm], H : 유효낙차 [m], P : 유효낙차 H [m]일 경우의 최대출력 [kW]이라고 함)

① $N_s = N\dfrac{P^{\frac{4}{5}}}{H^{\frac{1}{2}}}$ ② $N_s = N\dfrac{P^{\frac{1}{2}}}{H^{\frac{5}{4}}}$

③ $N_s = N\dfrac{P}{H^{\frac{5}{4}}}$ ④ $N_s = N\dfrac{P^{\frac{5}{4}}}{H^{\frac{1}{2}}}$

해설 | 특유속도(N_s) 계산식

$$N_s = N\dfrac{P^{\frac{1}{2}}}{H^{\frac{5}{4}}}, \quad N_s \propto \dfrac{1}{H}$$

09 가공전선을 200 [m]의 경간에 가설하여 그 이도가 5 [m]이었다. 이도를 6 [m]로 하려면 이도를 5 [m]로 하였을 때 보다 전선이 몇 [cm] 더 필요하겠는가?

① 8 ② 10
③ 12 ④ 15

해설 | 전선의 실제 길이

$L = S + \dfrac{8D^2}{3S}$ 이고

경간은 전, 후가 같으므로 전선의 길이의 차

$\dfrac{8(D_1^2 - D_2^2)}{3S} = \dfrac{8}{3 \times 200}(6^2 - 5^2) = 0.15$

이를 [cm]로 바꾸면 15 [cm]가 된다.

10 가공송전선로에서 총 단면적이 같은 경우 단도체와 비교하여 복도체의 장점이 아닌 것은?

① 안정도를 증대시킬 수 있다.
② 공사비가 저렴하고 시공이 간편하다.
③ 전선표면 전위경도 감소시켜 코로나 임계전압이 높아진다.
④ 선로의 인덕턴스가 감소되고 정전용량이 증가해서 송전용량이 증대된다.

해설 | 단도체 및 복도체 특징 비교
- 복도체 사용 시 등가반지름(r)이 커진다.
  ∴ 인덕턴스 감소, 정전용량 증가
- 복도체 사용 시 코로나 임계전압이 증가한다.
- 복도체 사용 시 안정도가 증가한다.
- 공사비가 비싸고 시공이 어렵다.

11 발전기 보호용 비율차동계전기의 특성이 아닌 것은?

① 외부 단락 시 오동작을 방지하고 내부 고장 시에만 예민하게 동작한다.
② 계전기의 최소동작전류를 일정치로 고정시켜 비율에 의해 동작한다.
③ 발전자전류와 계전기의 차전류의 비율에 의해 동작 한다.
④ 외부 단락으로 인한 전기자전류의 격증 시 계전기의 최소동작전류도 증대된다.

해설 | 비율차동계전기
- 1, 2차 전류 차가 일정 비율 이상 시 동작
- 변압기 및 발전기의 내부 고장 보호

12 소호리액터를 송전계통에 사용하면 리액터의 인덕턴스와 선로의 정전용량이 어떤 상태가 되어 지락전류를 소멸시키는가?

① 병렬 공진　② 직렬 공진
③ 고임피던스　④ 저임피던스

해설 | 소호리액터 접지 방식 특징
- 병렬 공진 시 지락전류 최소
- 통신 장애 최소
- 차단기 차단 능력 가벼움
- 유도장해 최소
- 보호계전기 동작 불확실
- 단선 사고 시 직렬공진에 의한 이상전압 최대 발생

13 그림과 같은 전력계통에서 A점에 설치된 차단기의 단락용량은 몇 [MVA]인가? (단, 각 기기의 리액턴스는 발전기 G1, G2 = 15 [%](정격용량 15 [MVA] 기준), 변압기 8 [%](정격용량 20 [MVA] 기준), 송전선 11 [%](정격용량 10 [MVA] 기준)이며, 기타 다른 정수는 무시한다)

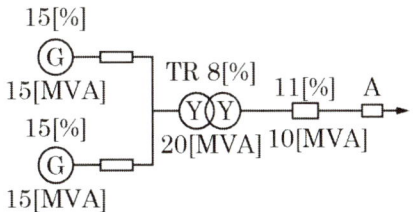

① 20　② 30
③ 40　④ 50

해설 | 단락용량
$$P_s = \frac{100}{\%Z} P_n$$

기준용량 15 [MVA]에서
- 발전기 %Z는 병렬이므로
$$\%Z_G = \frac{15}{2} = 7.5\,[\%]$$
- 변압기 %Z
$$\%Z_T = \%Z \times \frac{기준용량}{정격용량}$$
$$\%Z_T = 8 \times \frac{15}{20} = 6\,[\%]$$
- 송전선 %Z
$$\%Z_L = 11 \times \frac{15}{10} = 16.5\,[\%]$$
- %Z값을 더하면
$$7.5 + 6 + 16.5 = 30\,[\%]$$
$$P_s = \frac{100}{\%Z} P_n = \frac{100}{30} \times 15 = 50\,[MVA]$$

14 켈빈(Kelvin)의 법칙이 적용되는 경우는?

① 전압강하를 감소시키고자 하는 경우
② 부하 배분의 균형을 얻고자 하는 경우
③ 전력손실량을 축소시키고자 하는 경우
④ 경제적인 전선의 굵기를 선정하고자 하는 경우

해설 | 켈빈(Kelvin)의 법칙
경제적인 전선 굵기를 선정하는 경우 적용

15 그림은 랭킨사이클을 나타내는 T – S(온도 – 엔트로피) 선도이다. 여기에서 A₂ – B의 과정은 화력 발전소의 어떤 과정에 해당되는가?

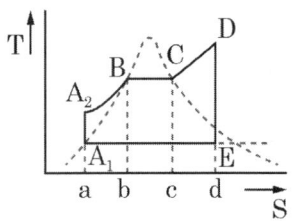

① 급수펌프 내의 등적단열압축
② 보일러 내에서의 등압가열
③ 보일러 내에서의 증기의 등압등온수열
④ 급수펌프에 의한 단열팽창

해설 | 열 사이클
D - E : 단열팽창(터빈)
E - A₁ : 등압방열(복수기)
A₁ - A₂ : 단열압축(급수펌프)
A₂ - B : 등압가열(보일러)
B - C : 등압팽창(보일러)
C - D : 등압과열(과열기)

16 차단기에서 "O – t₁ – CO – t₂"의 표기로 나타내는 것은? (단, O는 차단동작, t₁, t₂는 시간 간격, C는 투입 동작, CO는 투입 직후 차단 동작이다)

① 차단기 동작 책무
② 차단기 속류 주기
③ 차단기 재폐로 계수
④ 차단기 무전압 시간

해설 | 차단기 동작 책무
• 연속적으로 반복되는 동작을 일컬음
• OPEN - t₁ - CLOSE / OPEN - t₂ - CLOSE/OPEN
• 대부분 고장은 일시적이기에 t 초 후 CLOSE 한다.

17 플리커 예방을 위한 수용가 측의 대책이 아닌 것은?

① 공급 전압을 승압한다.
② 전압강하를 보상한다.
③ 전원계통에 리액터분을 보상한다.
④ 부하의 무효전력 변동분을 흡수한다.

해설 | 플리커현상
(1) 불규칙한 부하 변동에 의해 조명이 깜빡이는 등의 현상
(2) 전력 공급 측 플리커 방지 대책
  • 전용 계통으로 공급
  • 단락 용량이 큰 계통에서 공급
  • 전용 변압기로 공급
  • 공급 전압 승압
∴ 공급전압을 승압하는 방식은 전력공급 측의 대책이다.

18 그림과 같은 선로에서 A점의 차단기 용량은 몇 [MVA]가 적당한가?

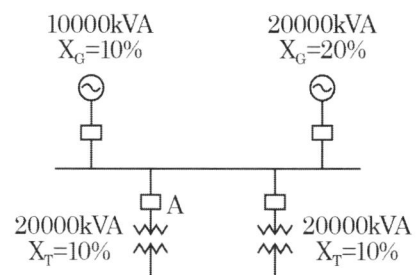

① 50
② 100
③ 150
④ 200

해설 | 차단기 용량

- 차단기용량 $P_s = \dfrac{100}{\%Z} P_n$
- 기준용량 20 [MVA]로 했을 경우 좌측 발전기의 %Z는

$$\%Z = 10 \times \dfrac{기준용량}{정격용량}$$

$$= 10 \times \dfrac{20}{10} = 20 [\%]$$

- 발전기는 병렬이므로 합성 %Z는 10 [%]

$$P_s = \dfrac{100}{10} \times 20 = 200 [MVA]$$

19 송전단전압이 154 [kV], 수전단전압이 150 [kV]인 송전선로에서 부하를 차단하였을 때 수전단전압이 152 [kV]가 되었다면 전압 변동률은 약 몇 [%]인가?

① 1.11
② 1.33
③ 1.63
④ 2.25

해설 | 전압 변동률(δ) 계산

$$\delta = \dfrac{V_{r0} - V_{rn}}{V_{rn}} \times 100$$

$$= \dfrac{152 - 150}{150} \times 100 = 1.33 [\%]$$

V_{r0} : 무부하 시 수전단전압
V_{rn} : 정격부하 시 수전단전압

암 변무정정

20 다음 중 모선의 종류가 아닌 것은?

① 단모선
② 2중모선
③ 3중모선
④ 환상모선

해설 | 모선 방식의 종류
단일 모선, 2중 모선, 환상 모선

정답 18 ④ 19 ② 20 ③

2020년 1, 2회

전기산업기사 전력공학

01 전압이 일정값 이하로 되었을 때 동작하는 것으로서 단락 시 고장 검출용으로도 사용되는 계전기는?

① OVR ② OVGR
③ NSR ④ UVR

해설 | 부족 전압 계전기(UVR)
일정 전압 이하 시 동작

02 반동수차의 일종으로 주요 부분은 러너, 안내 날개, 스피드링 및 흡출관 등으로 되어 있으며 50 ~ 500 [m] 정도의 중낙차 발전소에 사용되는 수차는?

① 카플란 수차 ② 프란시스 수차
③ 펠턴 수차   ④ 튜블러 수차

해설 | 수차 종류
- 고낙차 : 펠톤 수차
- 중낙차 : 프란시스 수차
- 저낙차 : 카플란·튜블러 수차

03 페란티현상이 발생하는 원인은?

① 선로의 과도한 저항
② 선로의 정전용량
③ 선로의 인덕턴스
④ 선로의 급격한 전압강하

해설 | 페란티현상
- 수전단전압이 송전단전압보다 높아짐
- 페란티현상 발생 원인
  정전용량(C) 영향으로 충전전류가 흐름
- 페란티현상 대책
  분로(병렬) 리액터 투입

04 전력계통의 경부하 시나 또는 다른 발전소의 발전 전력에 여유가 있을 때, 이 잉여 전력을 이용하여 전동기로 펌프를 돌려서 물을 상부의 저수지에 저장하였다가 필요에 따라 이 물을 이용해서 발전하는 발전소는?

① 조력발전소
② 양수식발전소
③ 유역변경식발전소
④ 수로식발전소

해설 | 양수 발전
- 심야 경부하 시 발전 단가 낮은 잉여 전력 사용
- 낮은 곳에 있는 물을 높은 곳으로 퍼올렸다가 첨두부하 시 발전에 사용
- 연간 발전 비용 감소

정답 01 ④ 02 ② 03 ② 04 ②

05 열의 일당량에 해당되는 단위는?

① kcal/kg
② kg/cm²
③ kcal/cm³
④ kg·m/kcal

해설 | 열의 일당량과 일의 열당량의 단위
- 열의 일당량 : kg·m/kcal
- 일의 열당량 : kcal/kg·m

06 가공전선을 단도체식으로 하는 것보다 같은 단면적의 복도체식으로 하였을 경우에 대한 내용으로 틀린 것은?

① 전선의 인덕턴스가 감소된다.
② 전선의 정전용량이 감소된다.
③ 코로나 발생률이 적어진다.
④ 송전용량이 증가한다.

해설 | 단도체 및 복도체 특징 비교
- 인덕턴스 $L = 0.05 + 0.4605\log_{10}\dfrac{D}{r}$
- 정전용량 $C = \dfrac{0.02413}{\log_{10}\dfrac{D}{r}}$
- 복도체 사용 시 등가반지름 (r)이 커짐
  ∴ 인덕턴스 감소, 정전용량 증가

07 연가의 효과로 볼 수 없는 것은?

① 선로 정수의 평형
② 대지정전용량의 감소
③ 통신선의 유도장해의 감소
④ 직렬 공진의 방지

해설 | 연가효과
- 선로정수 평형(주 목적)
- 유도장해 감소
- 중성점 잔류전압 감소
- 직렬공진 방지

08 발전기나 변압기의 내부고장 검출로 주로 사용되는 계전기는?

① 역상 계전기
② 과전압 계전기
③ 과전류 계전기
④ 비율차동 계전기

해설 | 비율차동 계전기
- 1, 2차 전류 차가 일정 비율 이상 시 동작
- 변압기 및 발전기의 내부 고장 보호

09 송전선로에서 역섬락을 방지하는 가장 유효한 방법은?

① 피뢰기를 설치한다.
② 가공지선을 설치한다.
③ 소호각을 설치한다.
④ 탑각 접지저항을 작게 한다.

해설 | 역섬락
- 철탑 접지저항이 크면, 비교적 저항이 적은 선로 측으로 이상전류가 흐름
- 역섬락 대책
  매설지선 : 철탑 접지저항 감소시키는 전선

10 교류 송전 방식과 직류 송전 방식을 비교할 때 교류 송전 방식의 장점에 해당되는 것은?

① 전압의 승압, 강압 변경이 용이하다.
② 절연계급을 낮출 수 있다.
③ 송전 효율이 좋다.
④ 안정도가 좋다.

해설 | 교류 송전 방식의 특징
 승압, 강압이 용이

11 단상 2선식 교류 배전선로가 있다. 전선의 1가닥 저항이 0.15 [Ω]이고, 리액턴스는 0.25 [Ω]이다. 부하는 순저항부하이고 100 V, 3 [kW]이다. 급전점의 전압 (V)은 약 얼마인가?

① 105 ② 110
③ 115 ④ 124

해설 | 급전점 전압(V_s) 계산 [V]
$$V_s = V_r + e$$
$$= V_r + 2IR = 100 + 2 \times \frac{3000}{100} \times 0.15$$
$$\fallingdotseq 110$$

 V_s : 송전단(급전점) V_r : 수전단

12 반한시성 과전류계전기의 전류 – 시간 특성에 대한 설명으로 옳은 것은?

① 계전기 동작 시간은 전류의 크기와 비례한다.
② 계전기 동작 시간은 전류의 크기와 관계없이 일정하다.
③ 계전기 동작 시간은 전류의 크기와 반비례한다.
④ 계전기 동작 시간은 전류의 크기의 제곱에 비례한다.

해설 | 반한시 계전기
• 동작전류가 작으면 동작 시간이 길다.
• 동작전류가 크면 동작 시간이 짧아진다.

13 지상부하를 가진 3상 3선식 배전선로 또는 단거리 송전선로에서 선간전압강하를 나타낸 식은? (단, I, R, X, θ는 각각 수전 전단전류, 선로저항, 리액턴스 및 수전단 전류의 위상각이다)

① $I(R\cos\theta + X\sin\theta)$
② $2I(R\cos\theta + X\sin\theta)$
③ $\sqrt{3}\,I(R\cos\theta + X\sin\theta)$
④ $3I(R\cos\theta + X\sin\theta)$

해설 | 3상 3선식 전압강하(e) 계산식
$e = \sqrt{3}\,I(R\cos\theta + X\sin\theta)$

14 다음 중 송·배전선로의 진동 방지 대책에 사용되지 않는 기구는?

① 댐퍼 ② 조임쇠
③ 클램프 ④ 아머 로드

해설 | 전선 진동 방지 대책 설비
댐퍼·클램프·아머로드

15 단락전류를 제한하기 위하여 사용되는 것은?

① 한류리액터 ② 사이리스터
③ 현수애자 ④ 직렬콘덴서

해설 | 한류리액터의 사용 목적
단락전류 제한

암 한단

16 어느 변전설비의 역률을 60 [%]에서 80 [%]로 개선하는 데 2800 [kVA]의 전력용 커패시터가 필요하였다. 이 변전설비의 용량은 몇 [kW]인가?

① 4800 ② 5000
③ 5400 ④ 5800

해설 | 변전설비 용량 [kW] 계산

$$Q_c = P(\frac{\sqrt{1-\cos^2\theta_1}}{\cos\theta_1} - \frac{\sqrt{1-\cos^2\theta_2}}{\cos\theta_2})$$

$$2800 = P(\frac{\sqrt{1-0.6^2}}{0.6} - \frac{\sqrt{1-0.8^2}}{0.8})$$

$$\therefore P = 4800\ [kW]$$

17 교류 단상 3선식 배전 방식을 교류 단상 2선식에 비교하면?

① 전압강하가 크고, 효율이 낮다.
② 전압강하가 작고, 효율이 낮다.
③ 전압강하가 작고, 효율이 높다.
④ 전압강하가 크고, 효율이 높다.

해설 | 단상 3선식 장점(단상 2선식 기준)
전압강하 및 전력손실 감소, 배전 효율 상승

18 배전선로의 전압을 $\sqrt{3}$ 배로 증가시키고 동일한 전력손실률로 송전할 경우 송전전력은 몇 배로 증가되는가?

① $\sqrt{3}$ ② 3/2
③ 3 ④ $2\sqrt{3}$

해설 | 전압 n배 승압 시 각 전기 요소 값

- 공급전력 $P \propto V^2$
- 전압강하 $e \propto \frac{1}{V}$
- 전선 굵기 $A \propto \frac{1}{V^2}$
- 전압강하율 $\varepsilon \propto \frac{1}{V^2}$
- 전력손실률 $P_l \propto \frac{1}{V^2}$

  $\therefore P \propto V^2$, $\sqrt{3}$ 배 증가 시 3배가 됨

19 주상 변압기의 2차 측 접지는 어느 것에 대한 보호를 목적으로 하는가?

① 1차 측의 단락
② 2차 측의 단락
③ 2차 측의 전압강하
④ 1차 측과 2차 측의 혼촉

해설 | **주상변압기 접지 보호 목적**
주상 변압기 1·2차 혼촉 시 2차 측 전위 상승 억제

20 100 [MVA]의 3상 변압기 2뱅크를 가지고 있는 배전용 2차 측의 배전선에 시설할 차단기 용량 (MVA)은? (단, 변압기는 병렬로 운전되며, 각각의 %Z는 20 [%]이고, 전원의 임피던스는 무시한다)

① 1000
② 2000
③ 3000
④ 4000

해설 | **차단기 용량(P_s) 계산**
$$P_s = \frac{100}{\%Z}P = \frac{100}{10} \times 100$$
$$= 1000 \ [MVA]$$

TIP 동일한 변압기 병렬연결 시
$$\%Z = \frac{20}{2} = 10 \ [\%]$$

전력공학 — 2020년 3회

01 수전용 변전설비의 1차 측에 설치하는 차단기의 용량은 어느 것에 의하여 정하는가?

① 수전전력과 부하율
② 수전계약 용량
③ 공급 측 전원의 단락 용량
④ 부하설비 용량

해설 | 1차 측 차단기 용량
공급 측 전원의 단락 용량에 의해 선정

02 어떤 발전소의 유효 낙차가 100 [m]이고, 사용 수량이 10 [m³/s]일 경우 이 발전소의 이론적인 출력(kW)은?

① 4900   ② 9800
③ 10000 ④ 14700

해설 | 수력발전소 출력(P) 계산
$P = 9.8 QH\eta = 9.8 \times 100 \times 10$
$= 9800 \, [kW]$

03 피뢰기의 제한 전압이란?

① 상용주파전압에 대한 피뢰기의 충격방전 개시 전압
② 충격파 침입 시 피뢰기의 충격방전 개시전압
③ 피뢰기가 충격파 방전 종료 후 언제나 속류를 확실히 차단할 수 있는 상용주파 최대전압
④ 충격파전류가 흐르고 있을 때의 피뢰기 단자전압

해설 | 피뢰기 제한 전압
• 피뢰기가 처리하고 남은 전압
• <u>충격파전류가 흐르고 있을 때, 피뢰기 단자전압의 파고값</u>

04 발전기의 정태 안정 극한전력이란?

① 부하가 서서히 증가할 때의 극한전력
② 부하가 갑자기 크게 변동할 때의 극한전력
③ 부하가 갑자기 사고가 났을 때의 극한전력
④ 부하가 변하지 않을 때의 극한전력

해설 | 발전기의 정태 안정 극한 전력
부하가 서서히 증가할 때의 극한전력

정답 01 ③ 02 ② 03 ④ 04 ①

05 3상으로 표준전압 3 [kV], 용량 600 [kW], 역률 0.85로 수전하는 공장의 수전회로에 시설할 계기용 변류기의 변류비로 적당한 것은? (단, 변류기의 2차 전류는 5 [A]이며, 여유율은 1.5배로 한다)

① 10 ② 20
③ 30 ④ 40

해설 | 변류비(a) 계산

- $I_1 = \dfrac{P}{\sqrt{3}\,V\cos\theta} \times 1.5$

  $= \dfrac{600}{\sqrt{3}\times 3\times 0.85}\times 1.5 = 203.77\,[A]$

- $I_2 = 5\,[A]$

  $\therefore a = \dfrac{I_1}{I_2} = \dfrac{203.77}{5} \fallingdotseq 40$배

06 30000 [kW]의 전력을 50 [km] 떨어진 지점에 송전하려고 할 때 송전전압(kV)은 약 얼마인가? (단, Still식에 의하여 산정한다)

① 22 ② 33
③ 66 ④ 100

해설 | 송전전압(Still식) 계산

$V = 5.5 \times \sqrt{0.6l + \dfrac{P}{100}}$

$= 5.5 \times \sqrt{0.6 \times 50 + \dfrac{30000}{100}}$

$\fallingdotseq 100\,[kV]$

07 다음 중 전력선에 의한 통신선의 전자유도 장해의 주된 원인?

① 전력선과 통신선 사이의 상호 정전용량
② 전력선의 불충분한 연가
③ 전력선의 1선 지락사고 등에 의한 영상전류
④ 통신선 전압보다 높은 전력선의 전압

해설 | 유도장해의 발생 원인

- 전자유도장해 (영상전류)
  전력선과 통신선 간 상호 인덕턴스가 원인
- 정전유도장해 (영상전압)
  전력선과 통신선 간 상호 정전용량이 원인

08 조상설비가 있는 발전소 측 변전소에서 주 변압기로 주로 사용되는 변압기는?

① 강압용 변압기 ② 단권 변압기
③ 3권선 변압기   ④ 단상 변압기

해설 | 3권선(Y - Y - △) 변압기

- 1차 변전소 : 승압 필요
- Y - Y결선 : 승압 유리
- △결선 : 3고조파 억제

09 3상 1회선의 송전선로에 3상 전압을 가해 충전할 때 선에 흐르는 충전전류는 30 [A], 또 3선을 일괄하여 이것과 대지 사이에 상 전압을 가하여 충전시켰을 때 전 충전전류는 60 [A]가 되었다. 이 선로의 대지정전용량과 선간정전용량의 비는? (단, 대지정전용량 = C_s, 선간정전용량 = C_m이다)

① $\dfrac{C_m}{C_s} = \dfrac{1}{6}$ ② $\dfrac{C_m}{C_s} = \dfrac{8}{15}$

③ $\dfrac{C_m}{C_s} = \dfrac{1}{3}$ ④ $\dfrac{C_m}{C_s} = \dfrac{1}{\sqrt{3}}$

해설 | 대지 및 선간정전용량비 계산식
• 3상 1회선 송전선로 충전전류

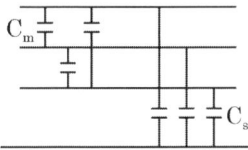

$$I_{c1} = \dfrac{E}{XC} = \dfrac{E}{\dfrac{1}{\omega C}} = \omega CE$$

$$= \omega(C_s + 3C_m)\dfrac{V}{\sqrt{3}} = 30 \,[A]$$

• 3선 일괄 대지 사이 충전전류식

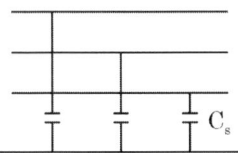

$$I_{c2} = \dfrac{E}{XC} = \dfrac{E}{\dfrac{1}{\omega C}} = \omega CE$$

$$= 3\omega C_s \dfrac{V}{\sqrt{3}} = \sqrt{3}\,\omega C_s V = 60 \,[A]$$

• I_{c2} 식을 $\omega V = \dfrac{60}{\sqrt{3}\,C_s}$ 으로 변환 후 I_{c1} 식에 대입

① $\dfrac{60}{\sqrt{3}\,C_s}\left(\dfrac{C_s}{\sqrt{3}} + \dfrac{3C_m}{\sqrt{3}}\right) = 30$

② $\dfrac{60\,C_s}{3\,C_s} + \dfrac{180\,C_m}{3\,C_s} = 30$

③ $20 + \dfrac{60\,C_m}{C_s} = 30$

④ $\dfrac{60\,C_m}{C_s} = 30 - 20$

⑤ $\dfrac{60\,C_m}{C_s} = 10$

$$\therefore \dfrac{C_m}{C_s} = \dfrac{1}{6}$$

10 전력 사용의 변동 상태를 알아보기 위한 것으로 가장 적당한 것은?

① 수용률   ② 부등률
③ 부하율   ④ 역률

해설 | **부하율**
전력 사용 변동 상태를 알아볼 때 사용

11 단상 교류회로에 3150/210 [V]의 승압기를 80 [kW], 역률 0.8인 부하에 접속하여 전압을 상승시키는 경우 약 몇 [kVA]의 승압기를 사용하여야 적당한가? (단, 전원전압은 2900 [V]이다)

① 3.6 ② 5.5
③ 6.8 ④ 10

해설 | 승압기 용량 계산

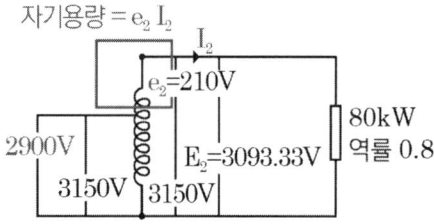

- 승압 후 전압 (E_2)

$$E_2 = E_1\left(1 + \frac{1}{a}\right) = 2900\left(1 + \frac{210}{3150}\right)$$
$$= 3093.33 \, [V]$$

- I_2 계산

  부하 용량 $= E_2 I_2$

$$I_2 = \frac{P}{E_2} = \frac{80 \times 10^3 / 0.8}{3093.33} = 32.33 \, [A]$$

- 자기 용량 $= e_2 I_2$

$$\therefore 210 \times 32.33 ≒ 6.8 \, [kVA]$$

12 철탑의 접지저항이 커지면 가장 크게 우려되는 문제점은?

① 정전 유도 ② 역섬락 발생
③ 코로나 증가 ④ 차폐각 증가

해설 | 역섬락
- 철탑 접지저항이 크면, 비교적 저항이 적은 선로 측으로 이상전류가 흐름
- 역섬락 대책
  매설지선 : 철탑 접지저항 감소시키는 전선

13 역률 0.8(지상), 480 [kW] 부하가 있다. 전력용 콘덴서를 설치하여 역률을 개선하고자 할 때 콘덴서 220 [kVA]를 설치하면 역률은 몇 [%]로 개선되는가?

① 82 ② 85
③ 90 ④ 96

해설 | 역률($\cos\theta$) 계산
- 콘덴서 설치 전 무효전력

$$P_r = P\tan\theta = 480 \times \frac{0.6}{0.8}$$
$$= 360 \, [kVar]$$

- 콘덴서 설치 후 무효전력

$$P_r' = P_r - P_c = 360 - 220$$
$$= 140 \, [kVar]$$

$$\therefore \cos\theta = \frac{P}{P_a} = \frac{480}{\sqrt{480^2 + 140^2}}$$
$$= 96 \, [\%]$$

14 화력발전소에서 탈기기를 사용하는 주 목적은?

① 급수 중에 함유된 산소 등의 분리 제거
② 보일러 관벽의 스케일 부착 방지
③ 급수 중에 포함된 염류의 제거
④ 연소용 공기의 예열

해설 | **탈기기**
급수 중에 포함되어 있는 산소 등에 의한 보일러 배관 부식 방지

15 변류기를 개방할 때 2차 측을 단락하는 이유는?

① 1차 측 과전류 보호
② 1차 측 과전압 방지
③ 2차 측 과전류 보호
④ 2차 측 절연 보호

해설 | **변류기 2차 개방 시 현상**
- 1차 전류가 모두 여자전류가 됨
- 2차 측에 과전압을 유기하여 절연 파괴
- 절연 파괴 대책 : 변류기 2차 측 단락

16 ( ) 안에 들어갈 내용으로 옳은 것은?

화력발전소의 (㉠)은 발생 (㉡)을 열량으로 환산한 값과 이것을 발생하기 위하여 소비된 (㉢)의 보유열량 (㉣)를 말한다.

① ㉠ : 손실율, ㉡ : 발열량, ㉢ : 물, ㉣ : 차
② ㉠ : 열효율, ㉡ : 전력량, ㉢ : 연료, ㉣ : 비
③ ㉠ : 발전량, ㉡ : 증기량, ㉢ : 연료, ㉣ : 결과
④ ㉠ : 연료소비율, ㉡ : 증기량, ㉢ : 물, ㉣ : 차

해설 | **화력 발전소 열효율 (η) 계산식**

$$\eta = \frac{860W}{mH} \times 100[\%]$$

η : 열효율, W : 전력량
m : 연료소비량, H : 연료발열량

∴ ㉠ 열효율, ㉡ 전력량, ㉢ 연료, ㉣ 비

17 다음 중 전압강하의 정도를 나타내는 식으로 옳지 않은 것은? (단, E_S는 송전단전압, E_R은 수전단전압이다)

① $\dfrac{I}{E_R}(R\cos\theta + X\sin\theta) \times 100\,[\%]$

② $\dfrac{\sqrt{3}\,I}{E_R}(R\cos\theta + X\sin\theta) \times 100\,[\%]$

③ $\dfrac{E_S - E_R}{E_R} \times 100\,[\%]$

④ $\dfrac{E_S + E_R}{E_S} \times 100\,[\%]$

해설 | 전압강하율(ε) 계산식

$$\varepsilon = \dfrac{E_S - E_R}{E_R} \times 100\,[\%]$$

$$= \dfrac{\sqrt{3}\,I}{E_R}(R\cos\theta + X\sin\theta) \times 100\,[\%]$$

$$= \dfrac{I}{E_R}(R\cos\theta + X\sin\theta) \times 100\,[\%]$$

18 수전단전압이 송전단전압보다 높아지는 현상과 관련된 것은?

① 페란티효과   ② 표피효과
③ 근접효과   ④ 도플러효과

해설 | 페란티현상
- 수전단전압이 송전단전압보다 높아짐
- 페란티 발생 원인
  정전용량(C) 영향으로 충전전류가 흐름
- 페란티 대책
  분로(병렬) 리액터 투입

19 송전선로의 중성점을 접지하는 목적으로 가장 알맞은 것은?

① 전선량의 절약
② 송전용량의 증가
③ 전압강하의 감소
④ 이상전압의 경감 및 발생 방지

해설 | 중성점 접지 목적
- 이상전압의 경감 및 발생 억제 (주 목적)
- 절연레벨 경감
- 접지 계전기의 확실한 동작
- 소호리액터 접지 시 1선 지락 아크 소멸
- 과도 안정도의 증진

20 송전선로에서 4단자 정수 A, B, C, D 사이의 관계는?

① BC - AD = 1   ② AC - BD = 1
③ AB - CD = 1   ④ AD - BC = 1

해설 | 4단자 정수 관계식
AD - BC = 1

2020년 4회

전기산업기사 / 전력공학

01
수전용 변전설비의 1차 측에 설치하는 차단기의 용량은 어느 것에 의하여 정하는가?

① 수전전력과 부하율
② 수전계약 용량
③ 공급 측 전원의 단락 용량
④ 부하설비 용량

해설 | 1차 측 차단기 용량
공급 측 전원의 단락 용량에 의해 선정

02
송전 선로의 안정도 향상 대책과 관계가 없는 것은?

① 속응 여자 방식 채용
② 재폐로 방식의 채용
③ 리액턴스 감소
④ 역률의 신속한 조정

해설 | 안정도 향상 대책
- 계통의 직렬 리액턴스 감소
- 조속기 작동을 빠르게 한다.
- 속응 여자 방식
- 계통연계 방식
- 고속도 재폐로 방식
- 중간조상 방식
- 직렬 콘덴서 설치
- 병렬 회선 수 늘림

03
동일한 부하전력에 대하여 전압을 2배로 승압하면 전압강하, 전압강하율, 전력손실률은 각각 얼마나 감소하는지를 순서대로 나열한 것은?

① $\frac{1}{2}, \frac{1}{2}, \frac{1}{2}$　　② $\frac{1}{2}, \frac{1}{2}, \frac{1}{4}$

③ $\frac{1}{2}, \frac{1}{4}, \frac{1}{4}$　　④ $\frac{1}{4}, \frac{1}{4}, \frac{1}{4}$

해설 | 전압 n배 승압 시 각 전기 요소 값

- 전압강하 $e \propto \dfrac{1}{V} = \dfrac{1}{2}$

- 전압강하율 $\varepsilon \propto \dfrac{1}{V^2} = \dfrac{1}{4}$

- 전력손실률 $P_l \propto \dfrac{1}{V^2} = \dfrac{1}{4}$

04
선로에 따라 균일하게 부하가 분포된 선로의 전력손실은 이들 부하가 선로의 말단에 집중적으로 접속되어 있을 때보다 어떻게 되는가?

① 2배로 된다.　　② 3배로 된다.
③ 1/2배로 된다.　　④ 1/3배로 된다.

해설 | 말단부하와 비교하여 균일 부하 시

- 전력손실 $P_l = \dfrac{1}{3} I^2 R$

- 전압강하 $e = \dfrac{1}{2} IR$

정답　01 ③　02 ④　03 ③　04 ④

05 차단기의 정격 차단 시간은?

① 고장 발생부터 소호까지의 시간
② 가동접촉자 시동부터 소호까지의 시간
③ 트립코일 여자부터 소호까지의 시간
④ 가동접촉자 개구부터 소호까지의 시간

해설 | 차단기 정격차단 시간
- 트립 코일 여자부터 아크 소호까지의 시간
- 3, 5, 8 [Hz]

06 중거리 송전선로의 T형 회로에서 송전단 전류 I_s는? (단, Z, Y는 선로의 직렬임피던스와 병렬 어드미턴스이고, E_r은 수전단전압, I_r은 수전단전류이다)

① $E_r(1+\dfrac{ZY}{2})+ZI_r$

② $I_r(1+\dfrac{ZY}{2})+E_rY$

③ $E_r(1+\dfrac{ZY}{2})+ZI_r(1+\dfrac{ZY}{4})$

④ $I_r(1+\dfrac{ZY}{2})+E_rY(1+\dfrac{ZY}{4})$

해설 | T형 회로 송전단전압·전류 계산식
- $E_s = (1+\dfrac{ZY}{2})E_r + Z(1+\dfrac{ZY}{4})I_r$
- $I_s = YE_r + (1+\dfrac{ZY}{2})I_r$

07 유효낙차 75 [m], 최대 사용 수량 200 [m³/s], 수차 및 발전기의 합성 효율이 70 [%]인 수력발전소의 최대 출력은 약 몇 [MW]인가?

① 102.9   ② 157.3
③ 167.5   ④ 177.8

해설 | 수력발전 출력(P) 계산
$$P = 9.8QH\eta \ [kW]$$
$$= 9.8 \times 200 \times 75 \times 0.7 \times 10^{-3}$$
$$\fallingdotseq 102.9 \ [MW]$$

08 3상 3선식 3각형 배치의 송전선로가 있다. 선로가 연가되어 각 선 간의 정전용량이 0.007 [μF/km], 각 선의 대지정전용량은 0.002 [μF/km] 라고 하면 1선의 작용정전용량은 몇 [μF/km]인가?

① 0.03   ② 0.023
③ 0.012   ④ 0.006

해설 | 정전용량(C) 계산
$$C = C_s + 3C_m = 0.002 + 3 \times 0.007$$
$$= 0.023 \ [\mu F/km]$$

정답 05 ③ 06 ② 07 ① 08 ②

9 연가를 하는 주된 목적은?

① 미관상 필요
② 전압강하 방지
③ 선로정수의 평형
④ 전선로의 비틀림 방지

해설 | **연가효과**
- 선로정수 평형(주 목적)
- 유도장해 감소
- 중성점 잔류전압 감소
- 직렬공진 방지

10 전력계통에서 무효전력을 조정하는 조상설비 중 전력용 콘덴서를 동기 조상기와 비교할 때 옳은 것은?

① 전력손실이 크다.
② 지상 무효전력분을 공급할 수 있다.
③ 전압 조정을 계단적으로 밖에 못한다.
④ 송전선로를 시송전할 때 선로를 충전할 수 있다.

해설 | 동기조상기와 전력용 콘덴서의 비교

구분	동기조상기	전력용 콘덴서
시충전	가능	불가능
전력손실	크다	작다
무효전력 조정	연속적	계단적
무효전력	진상·지상용	진상용

11 어떤 공장의 소모 전력이 100 [kW]이며, 이 부하의 역률이 0.6일 때, 역률을 0.9로 개선하기 위한 전력용 콘덴서의 용량은 약 몇 [kVA]인가?

① 75 ② 80
③ 85 ④ 90

해설 | 전력용 콘덴서 용량(Q_c) 계산 [kVA]

$Q_c = P\left(\dfrac{\sqrt{1-\cos^2\theta_1}}{\cos\theta_1} - \dfrac{\sqrt{1-\cos^2\theta_2}}{\cos\theta_2}\right)$

$= 100 \times \left(\dfrac{\sqrt{1-0.6^2}}{0.6} - \dfrac{\sqrt{1-0.9^2}}{0.9}\right)$

$\fallingdotseq 85$

12 전력용 피뢰기에서 직렬갭의 주된 사용 목적은?

① 충격방전 개시전압을 높게 하기 위함
② 방전내량을 크게 하고 장시간 사용하여도 열화를 적게 하기 위함
③ 상시는 누설전류를 방지하고 충격파 방전 종류 후에는 속류를 즉시 차단하기 위함
④ 충격파가 침입할 때 대지에 흐르는 방전전류를 크게 하여 제한전압을 낮게 하기 위함

해설 | **직렬갭**
이상전압이 내습하면 뇌전류를 방전하고, 속류를 차단하는 역할을 한다.

13 원자로에서 핵분열로 발생한 고속 중성자를 열중성자로 바꾸는 작용을 하는 것은?

① 반사체   ② 감속재
③ 냉각재   ④ 제어봉

해설 | 감속재
핵분열로 발생한 고속 중성자를 열중성자로 바꾸는 작용

14 차단기에서 정격차단 시간의 표준이 아닌 것은?

① 3 [Hz]   ② 5 [Hz]
③ 8 [Hz]   ④ 10 [Hz]

해설 | 차단기 정격차단 시간
- 트립 코일 여자부터 아크 소호까지의 시간
- 3, 5, 8 [Hz]

15 전력계통 안정도는 외란의 종류에 따라 구분되는데, 송전선로에서의 고장, 발전기 탈락과 같은 외란에 대한 전력계통의 동기 운전 가능 여부로 판정되는 안정도는?

① 동태 안정도   ② 정태 안정도
③ 전압 안정도   ④ 과도 안정도

해설 | 안정도
- 정태 안정도
정상 운전 시 부하를 서서히 증가했을 때 안정 운전을 지속할 수 있는 정도
- 과도 안정도
부하급변 또는 사고로 계통에 충격을 주었을 때 연결된 동기기가 동기를 유지하면서 안정적 운전을 할 수 있는 정도
- 동태 안정도
자동전압조정기(AVR) 또는 조속기 등이 갖는 제어효과를 고려한 정도

16 송전단전압을 V_s, 수전단전압을 V_r, 선로의 리액턴스를 X라 할 때, 정상 시의 최대 송전전력의 개략적인 값은?

① $\dfrac{V_s - V_r}{X}$ ② $\dfrac{V_s^2 - V_r^2}{X}$

③ $\dfrac{V_s(V_s - V_r)}{X}$ ④ $\dfrac{V_s V_r}{X}$

해설 | 최대송전전력 조건
$P = \dfrac{V_s V_r}{X} \sin\delta$ 에서 $\sin\delta = 1$

$\therefore P = \dfrac{V_s V_r}{X}$

정답 13 ② 14 ④ 15 ④ 16 ④

17 다음 중 송전선로의 코로나 임계전압이 높아지는 경우가 아닌 것은?

① 날씨가 맑다.
② 기압이 높다
③ 상대 공기 밀도가 낮다.
④ 전선의 반지름과 선간거리가 크다.

해설 | 각 요소들과 코로나 임계전압(E_0) 관계
$$E_0 = 24.3\, m_o m_1 \delta\, d \log_{10} \frac{D}{r}\, [kV]$$
- m_0 : 전선표면계수(전선이 매끄러우면 증가)
- m_1 : 날씨계수(날씨가 맑으면 증가)
- δ : 상대 공기 밀도(기압이 높으면 증가)
- d : 전선 직경

위 요소들이 클수록 임계전압 E_0 상승

18 100 [kVA] 단상 변압기 3대로 3상 전력을 공급하던 중 변압기 1대가 고장 났을 때 공급 가능 전력은 몇 [kVA]인가?

① 200
② 100
③ 173
④ 150

해설 | V결선 계산
$$P_V = \sqrt{3}\, P = \sqrt{3} \times 100 = 173\, [kVA]$$

19 불평형 부하에서 역률은?

① $\dfrac{유효전력}{각\ 상의\ 피상전력의\ 산술\ 합}$

② $\dfrac{무효전력}{각\ 상의\ 피상전력의\ 산술\ 합}$

③ $\dfrac{무효전력}{각\ 상의\ 피상전력의\ 벡터\ 합}$

④ $\dfrac{유효전력}{각\ 상의\ 피상전력의\ 벡터\ 합}$

해설 | **역률**
피상전력은 위상차가 있으므로 벡터의 합으로 구한다.

20 화력발전소에서 증기 및 급수가 흐르는 순서는?

① 보일러 → 과열기 → 절탄기 → 터빈 → 복수기
② 보일러 → 절탄기 → 과열기 → 터빈 → 복수기
③ 절탄기 → 보일러 → 과열기 → 터빈 → 복수기
④ 절탄기 → 과열기 → 보일러 → 터빈 → 복수기

해설 | 화력발전소 기본 사이클
절탄기(급수펌프) → 보일러 → 과열기 → 터빈 → 복수기 → 급수펌프

2019년 1회

01 직렬 콘덴서를 선로에 삽입할 때의 현상으로 옳은 것은?

① 부하의 역률을 개선한다.
② 선로의 리액턴스가 증가된다.
③ 선로의 전압강하를 줄일 수 없다.
④ 계통의 정태 안정도를 증가시킨다.

해설 | **직렬콘덴서(C)**
- 전압강하 보상 위하여 부하와 직렬접속
- 선로 인덕턴스를 보상하여 정태 안정도 증가
- 계통 역률을 개선하지 않음

02 송전선로의 중성점을 접지하는 목적으로 가장 옳은 것은?

① 전압강하의 감소
② 유도장해의 감소
③ 전선 동량의 절약
④ 이상전압의 발생 방지

해설 | **중성점 접지 목적**
- 이상전압의 경감 및 발생 억제(주 목적)
- 절연레벨 경감
- 접지 계전기의 확실한 동작
- 소호리액터 접지 시 1선 지락 아크 소멸
- 과도 안정도의 증진

03 그림과 같은 3상 송전계통의 송전전압은 22 [kV]이다. 한 점 P에서 3상 단락했을 때 발전기에 흐르는 단락전류는 약 몇 [A]인가?

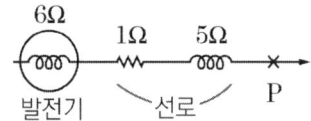

① 725
② 1150
③ 1990
④ 3725

해설 | **발전기 단락전류(Is) 계산**

$Z = R + jX = 1 + j(6+5)$
$= 1 + j11\,[\Omega]$

$\therefore I_s = \dfrac{E}{Z} = \dfrac{E}{\sqrt{R^2 + X^2}}$

$= \dfrac{\frac{22 \times 10^3}{\sqrt{3}}}{\sqrt{1^2 + 11^2}} \fallingdotseq 1{,}150\,[A]$

04 전력계통의 전력용 콘덴서와 직렬로 연결하는 리액터로 제거되는 고조파는?

① 제2고조파
② 제3고조파
③ 제4고조파
④ 제5고조파

해설 | **직렬리액터(SR) 목적**
제5고조파 감소

정답 01 ④ 02 ④ 03 ② 04 ④

05 배전선로에서 사용하는 전압 조정 방법이 아닌 것은?

① 승압기 사용
② 병렬콘덴서 사용
③ 저전압 계전기 사용
④ 주상 변압기 탭 전환

해설 | 배전선로 전압조정장치
- 변압기 탭 전환장치
- 승압기
- 무효전력 공급장치(전력용 콘덴서, 병렬리액터)
- 유도 전압 조정기

06 다음 중 뇌해 방지와 관계가 없는 것은?

① 댐퍼   ② 소호환
③ 가공지선   ④ 탑각 접지

해설 | 댐퍼(Damper)
전선의 진동 및 도약 방지설비

07 다음 ( )에 알맞은 내용으로 옳은 것은? (단, 공급전력과 선로 손실률은 동일하다)

선로의 전압을 2배로 승압할 경우, 공급전력은 승압 전의 (㉮)로 되고, 선로 손실은 승압 전의 (㉯)로 된다.

① ㉮ 1/4배, ㉯ 2배
② ㉮ 1/4배, ㉯ 4배
③ ㉮ 2배, ㉯ 1/4배
④ ㉮ 4배, ㉯ 1/4배

해설 | 전압 n배 승압 시 각 전기 요소 값
- 공급전력 $P \propto V^2$
- 전압강하 $e \propto \dfrac{1}{V}$
- 전선 굵기 $A \propto \dfrac{1}{V^2}$
- 전압강하율 $\varepsilon \propto \dfrac{1}{V^2}$
- 전력손실률 $P_l \propto \dfrac{1}{V^2}$

08 일반회로 정수가 A, B, C, D이고 송전단 상전압이 E_s인 경우, 무부하 시의 충전전류(송전단전류)는?

① CE_s ② ACE_s
③ $\dfrac{C}{A}E_s$ ④ $\dfrac{A}{C}E_s$

해설 | 무부하 시 충전전류 계산
- $E_S = AE_R + BI_R$ 무부하 ($I_R = 0$)
- $E_S = AE_R$, $E_R = \dfrac{E_S}{A}$
- $I_S = CE_R + DI_R$ 무부하 ($I_R = 0$)

$$\therefore I_S = CE_R = \dfrac{C}{A}E_S$$

09 주상 변압기의 고장이 배전선로에 파급되는 것을 방지하고 변압기의 과부하 소손을 예방하기 위하여 사용되는 개폐기는?

① 리클로저   ② 부하개폐기
③ 컷아웃스위치   ④ 섹셔널라이저

해설 | 컷아웃스위치(COS)
- 주상 변압기의 1차 측(고압)에 취부
- 주상 변압기 보호 및 선로 개폐

정답 05 ③ 06 ① 07 ④ 08 ③ 09 ③

10 중성점 저항 접지 방식에서 1선 지락 시의 영상전류를 I_0라고 할 때, 접지저항으로 흐르는 전류는?

① $1/3I_0$　　② $\sqrt{3}\,I_0$
③ $3I_0$　　④ $6I_0$

해설 | 1선 지락 시 지락전류(I0)
$$I_g = 3I_0 = \frac{3E_a}{Z_0 + Z_1 + Z_2}$$

11 변전소에서 수용가로 공급되는 전력을 차단하고 소 내 기기를 점검할 경우, 차단기와 단로기의 개폐 조작 방법으로 옳은 것은?

① 점검 시에는 차단기로 부하회로를 끊고 난 다음에 단로기를 열어야 하며, 점검 후에는 단로기를 넣은 후 차단기를 넣어야 한다.
② 점검 시에는 단로기를 열고 난 후 차단기를 열어야 하며, 점검 후에는 단로기를 넣고 난 다음에 차단기로 부하회로를 연결하여야 한다.
③ 점검 시에는 차단기로 부하회로를 끊고 단로기를 열어야하며, 점검 후에는 차단기로 부하회로를 연결한 후 단로기를 넣어야 한다.
④ 점검 시에는 단로기를 열고 난 후 차단기를 열어야 하며, 점검이 끝난 경우에는 차단기를 부하에 연결한 다음에 단로기를 넣어야 한다.

해설 | 단로기 및 차단기 인터록 관계
• 투입 : 단로기(DS) → 차단기(CB)
• 개방 : 차단기(CB) → 단로기(DS)

TIP 단로기는 전기가 흐르지 않을 때 투입 및 개방을 해야 한다.

12 설비 용량 600 [kW], 부등률 1.2, 수용률 60 [%]일 때의 합성 최대 전력은 몇 [kW]인가?

① 240　　② 300
③ 432　　④ 833

해설 | 합성 최대전력 계산
• 최대 수용 전력 = 설비 용량 × 수용률
　　　　　　　　= $600 \times 0.6 = 360\,[kW]$
• 부등률 = $\dfrac{\text{각 수용가의 최대수용전력의 합}}{\text{합성 최대수용전력}}$
• $1.2 = \dfrac{360}{x}$
　　　　　　　　　　∴ $x = 300\,[kW]$

암 등각최합

13 다음 보호계전기회로에서 박스 (A)부분의 명칭은?

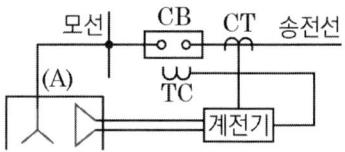

① 차단코일　　② 영상 변류기
③ 계기용 변류기　　④ 계기용 변압기

해설 | 계기용 변압기(PT)
• 고전압을 저전압으로 변성
• 2차 측 정격전압 : 110 [V]

14 단거리 송전선로에서 정상상태 유효전력의 크기는?

① 선로리액턴스 및 전압위상차에 비례한다.
② 선로리액턴스 및 전압위상차에 반비례한다.
③ 선로리액턴스에 반비례하고 상차각에 비례한다.
④ 선로리액턴스에 비례하고 상차각에 반비례한다.

해설 | 송전전력 계산식
$$P = \frac{V_s V_r}{X} \sin\delta \, [MW]$$

$V_s \cdot V_r$: 송·수전단전압(kV)
δ : 송수전단전압의 위상차
X : 선로의 리액턴스(Ω)

15 전력원선도의 실수축과 허수축은 각각 어느 것을 나타내는가?

① 실수축은 전압이고, 허수축은 전류이다.
② 실수축은 전압이고, 허수축은 역률이다.
③ 실수축은 전류이고, 허수축은 유효전력이다.
④ 실수축은 유효전력이고, 허수축은 무효전력이다.

해설 | 전력원선도
세로축(무효전력), 가로축(유효전력)

암 세무가유

16 전선로의 지지물 양쪽의 경간의 차가 큰 장소에 사용되며, 일명 E형 철탑이라고도 하는 표준 철탑의 일종은?

① 직선형 철탑   ② 내장형 철탑
③ 각도형 철탑   ④ 인류형 철탑

해설 | 내장 철탑(E철탑)
전선로 양쪽 경간의 차가 큰 부분에 설치

17 수차발전기가 난조를 일으키는 원인은?

① 수차의 조속기가 예민하다.
② 수차의 속도 변동률이 적다.
③ 발전기의 관성 모멘트가 크다.
④ 발전기의 자극에 제동권선이 있다.

해설 | 난조현상
• 원동기의 조속기 감도가 예민한 경우 발생
• 난조현상 대책 : 제동권선

암 조예난제

18 차단기가 전류를 차단할 때, 재점호가 일어나기 쉬운 차단전류는?

① 동상전류   ② 지상전류
③ 진상전류   ④ 단락전류

해설 | 재점호현상
• 차단기 개방 상태에서 절연 파괴로 인해 전기가 통하는 현상
• 재점호 원인 : 무부하 시 충전전류(C)

정답 14 ③ 15 ④ 16 ② 17 ① 18 ③

19 배전선에 부하가 균등하게 분포되었을 때 배전선 말단에서의 전압강하는 전 부하가 집중적으로 배전선 말단에 연결되어 있을 때의 몇 [%]인가?

① 25
② 50
③ 75
④ 100

해설 | 말단부하와 비교하여 균일 부하 시

- 전력손실 $P_l = \dfrac{1}{3}I^2R$
- 전압강하 $e = \dfrac{1}{2}IR$

20 송전선의 특성임피던스를 Z_0, 전파 속도를 V라 할 때, 이 송전선의 단위길이에 대한 인덕턴스 L은?

① $L = \dfrac{V}{Z_0}$
② $L = \dfrac{Z_0}{V}$
③ $L = \dfrac{Z_0^2}{V}$
④ $L = \dfrac{V}{Z_0}$

해설 | 인덕턴스(L) 계산

- 파동임피던스 $Z_0 = \sqrt{\dfrac{L}{C}}$
- 전파속도 $V = \sqrt{\dfrac{1}{LC}}$

$$\therefore \dfrac{Z_0}{V} = \sqrt{\dfrac{\dfrac{L}{C}}{\dfrac{1}{LC}}} = L$$

전기산업기사 전력공학 — 2019년 2회

01 화력발전소의 기본 사이클이다. 그 순서로 옳은 것은?

① 급수펌프 → 과열기 → 터빈 → 보일러 → 복수기 → 급수펌프
② 급수펌프 → 보일러 → 과열기 → 터빈 → 복수기 → 급수펌프
③ 보일러 → 급수펌프 → 과열기 → 복수기 → 급수펌프 → 보일러
④ 보일러 → 과열기 → 복수기 → 터빈 → 급수펌프 → 축열기 → 과열기

해설 | 화력발전소의 기본 사이클
절탄기 (급수펌프) → 보일러 → 과열기 → 터빈 → 복수기 → 급수펌프

02 저압뱅킹 배전 방식에서 저전압 측의 고장에 의하여 건전한 변압기의 일부 또는 전부가 차단되는 현상은?

① 아킹(Arcing)
② 플리커(Flicker)
③ 밸런서(Balancer)
④ 캐스케이딩(Cascading)

해설 | 캐스케이딩(Cascading)
• 변압기 2차 측 일부 고장으로 건전한 변압기 일부 또는 전부 고장 발생
• 캐스케이딩 대책 : 구분퓨즈

03 증기의 엔탈피(Enthalpy)란?

① 증기 1 [kg]의 잠열
② 증기 1 [kg]의 기화 열량
③ 증기 1 [kg]의 보유 열량
④ 증기 1 [kg]의 증발열을 그 온도로 나눈 것

해설 | 엔탈피
증기 1 [kg]의 보유 열량

04 그림에서 X 부분에 흐르는 전류는 어떤 전류인가?

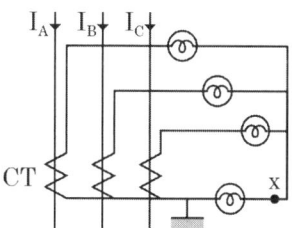

① b상전류
② 정상전류
③ 역상전류
④ 영상전류

해설 | X 부분의 전류 크기
• 평형상태 시 : 0
• 지락사고 시 : 영상전류

정답 01 ② 02 ④ 03 ③ 04 ④

05 지름 5 [mm]의 경동선을 간격 1 [m]로 정삼각형 배치를 한 가공전선 1선의 작용 인덕턴스는 약 몇 [mH/km]인가? (단, 송전선은 평형 3상회로)

① 1.13
② 1.25
③ 1.42
④ 1.55

해설 | 인덕턴스(L) 계산
- 등가선간거리 $D = \sqrt[3]{1 \times 1 \times 1} = 1\,[m]$
- 반지름 $r = \dfrac{5 \times 10^{-3}}{2} = 2.5 \times 10^{-3}\,[m]$

$\therefore L = 0.05 + 0.4605\log\dfrac{D}{r}$
$= 0.05 + 0.4605\log\dfrac{1}{2.5 \times 10^{-3}}$
$\fallingdotseq 1.25\,[mH/km]$

06 직류 송전 방식의 장점은?

① 역률이 항상 1이다.
② 회전자계를 얻을 수 있다.
③ 전력 변환장치가 필요하다.
④ 전압의 승압, 강압이 용이하다.

해설 | 직류 송전 방식 특징
- 역률이 항상 1이다.
- 비동기 연계가 가능한 장점이 있다.
- 선로의 리액턴스가 없으므로 안정도가 높다.
- 회전자계를 얻기 힘들다(변압 어려움).
- 영점이 없어 고전압, 대전류 차단이 어렵다.

07 송전선로의 후비 보호 계전 방식의 설명으로 틀린 것은?

① 주 보호계전기가 그 어떤 이유로 정지해 있는 구간의 사고를 보호한다.
② 주 보호계전기에 결함이 있어 정상 동작을 할 수 없는 상태에 있는 구간 사고를 보호한다.
③ 차단기 사고 등 주 보호계전기로 보호할 수 없는 장소의 사고를 보호한다.
④ 후비 보호계전기의 정정값은 주 보호계전기와 동일하다.

해설 | 후비 보호계전기
주보호계전기보다 느리게 동작하도록 정정

08 최대수용전력의 합계와 합성 최대수용전력의 비를 나타내는 계수는?

① 부하율
② 수용률
③ 부등률
④ 보상률

해설 | 부등률 계산식
$부등률 = \dfrac{\text{각 수용가 최대수용전력의 합}}{\text{합성 최대수용전력 (동시간대)}} \geq 1$

09 주파수 $60\,[Hz]$, 정전용량 $\dfrac{1}{6\pi}\,[\mu F]$의 콘덴서를 △결선해서 3상 전압 $20000\,[V]$를 가했을 때의 충전 용량은 몇 $[kVA]$인가?

① 12 ② 24
③ 48 ④ 50

해설 | △결선 시 콘덴서 충전 용량($Q_\triangle$) 계산
$$Q_\triangle = 3\omega CE^2$$
$$= 3 \times 2\pi \times 60 \times \dfrac{1}{6\pi} \times 10^{-6} \times 20000^2$$
$$= 24000 = 24 \times 10^3 = 24\,[kVA]$$

10 3상 3선식 3각형 배치의 송전선로에 있어서 각 선의 대지정전용량이 $0.5038\,[\mu F]$, 선간정전용량이 $0.1237\,[\mu F]$일 때 1선의 작용정전용량은 약 몇 $[\mu F]$인가?

① 0.6275 ② 0.8749
③ 0.9164 ④ 0.9755

해설 | 정전용량(C) 계산
$$C = C_s + 3C_m = 0.5038 + 3 \times 0.1237$$
$$\fallingdotseq 0.8749\,[\mu F]$$

C_s : 대지정전용량, C_m : 선간정전용량

11 지상 역률 80 [%], 10000 [kVA]의 부하를 가진 변전소에 6000 [kVA]의 콘덴서를 설치하여 역률을 개선하면 변압기에 걸리는 부하 [kVA]는 콘덴서 설치 전의 몇 [%]로 되는가?

① 60 ② 75
③ 80 ④ 85

해설 | 콘덴서 설치 전·후 피상전력비 계산
- 콘덴서 설치 전 유효전력(P), 무효전력(P_r)
$$P = P_a\cos\theta = 10000 \times 0.8$$
$$= 8000\,[kW]$$
$$P_r = P_a\sin\theta = 10000 \times 0.6$$
$$= 6000\,[kVar]$$
$(\sin\theta = \sqrt{1-\cos^2\theta} = \sqrt{1-0.8^2} = 0.6)$
- 역률 개선 전 피상전력 $10000\,[kVA]$
- 콘덴서 설치 후 무효전력
  $6000 - 6000 = 0$
- 설치 후 피상전력 $8000\,[kVA]$
$$\therefore \dfrac{8000}{10000} \times 100\,[\%] = 80\,[\%]$$

12 가공지선을 설치하는 주된 목적은?

① 뇌해 방지
② 전선의 진동 방지
③ 철탑의 강도 보강
④ 코로나의 발생 방지

해설 | 가공지선
- 직격뢰, 유도뢰, 통신선에 대한 전자유도 경감의 목적
- 차폐각 35° ~ 40°
- 차폐각이 작을수록 보호율이 높음
- 가공지선을 2회선으로 하면 차폐각이 작아짐
- ACSR 사용

13 송전계통의 안정도를 증진시키는 방법은?

① 중간 조상설비를 설치한다.
② 조속기의 동작을 느리게 한다.
③ 계통의 연계는 하지 않도록 한다.
④ 발전기나 변압기의 직렬 리액턴스를 가능한 크게 한다.

해설 | **안정도 향상 대책**
- 계통의 직렬 리액턴스 감소
- 조속기 작동을 빠르게 함
- 속응 여자 방식
- 계통연계 방식
- 고속도 재폐로 방식
- 중간 조상 방식
- 직렬 콘덴서 설치
- 병렬 회선 수 늘림

14 보일러 절탄기(Economizer)의 용도는?

① 증기를 과열한다.
② 공기를 예열한다.
③ 석탄을 건조한다.
④ 보일러 급수를 예열한다.

해설 | **절탄기**
보일러 급수 예열

15 345 [kV] 송전계통의 절연협조에서 충격 절연내력의 크기 순으로 나열한 것은?

① 선로애자 > 차단기 > 변압기 > 피뢰기
② 선로애자 > 변압기 > 차단기 > 피뢰기
③ 변압기 > 차단기 > 선로애자 > 피뢰기
④ 변압기 > 선로애자 > 차단기 > 피뢰기

해설 | **절연협조**
- 피뢰기의 제한전압이 기본이 됨
- 계통 상호 간 적정한 절연강도를 지니게 함
- 계통 설계를 합리적·경제적으로 함
- 절연협조에 의한 절연강도 순서
  피뢰기 → 변압기 → 기기부싱 → 결합 콘덴서 → 선로애자(강해지는 순서)

암 피변기결선

16 전선에서 전류의 밀도가 도선의 중심으로 들어갈수록 작아지는 현상은?

① 표피효과   ② 근접효과
③ 접지효과   ④ 페란티효과

해설 | **표피효과(전류가 표피 측으로 흐름)**
- 침투 깊이 $\delta = \dfrac{1}{\sqrt{\pi f \mu k}}\ [m]$

  f : 주파수 μ : 투자율 k : 도전율

∴ 침투깊이와 표피효과 관계
① 투자율 클수록, ② 주파수 높을수록, ③ 전선 굵을수록, ④ 도전율 높을수록
침투깊이가 작아지므로 표피효과에 비례

정답 13 ① 14 ④ 15 ① 16 ①

17 차단기의 정격 차단 시간을 설명한 것으로 옳은 것은?

① 계기용 변성기로부터 고장전류를 감지한 후 계전기가 동작할 때까지의 시간
② 차단기가 트립 지령을 받고 트립 장치가 동작하여 전류 차단을 완료할 때까지의 시간
③ 차단기의 개극(발호)부터 이동 행정 종료 시까지의 시간
④ 차단기 가동접촉자 시동부터 아크 소호가 완료될 때까지의 시간

해설 | **차단기 정격차단 시간**
- 트립 코일 여자부터 아크 소호까지의 시간
- 3, 5, 8 [Hz]

18 연가를 하는 주된 목적은?

① 미관상 필요
② 전압강하 방지
③ 선로정수의 평형
④ 전선로의 비틀림 방지

해설 | **연가효과**
- 선로정수 평형(주 목적)
- 유도장해 감소
- 중성점 잔류전압 감소
- 직렬공진 방지

19 변압기의 보호 방식에서 차동 계전기는 무엇에 의하여 동작하는가?

① 1, 2차 전류의 차로 동작한다.
② 전압과 전류의 배수 차로 동작한다.
③ 정상전류와 역상전류의 차로 동작한다.
④ 정상전류와 영상전류의 차로 동작한다.

해설 | **차동 계전기**
- 1, 2차 전류 차로 동작
- 변압기 및 발전기의 내부 고장 보호

20 보호 계전 방식의 구비 조건이 아닌 것은?

① 여자돌입전류에 동작할 것
② 고장 구간의 선택 차단을 신속 정확하게 할 수 있을 것
③ 과도 안정도를 유지하는 데 필요한 한도 내의 동작 시한을 가질 것
④ 적절한 후비 보호 능력이 있을 것

해설 | **보호계전기 구비 조건**
- 확실성, 선택성, 신속성
- 고장 상태를 신속하게 선택할 것
- 조정 범위가 넓고 조정이 쉬울 것
- 보호 동작이 정확하고 감도가 예민할 것
- 접점 소모가 적고, 열적 기계적 강도가 클 것
- 적절한 후비 보호 능력이 있을 것
- 과도 안정도를 유지하는 데 필요한 한도 내의 동작 시한을 가질 것
- 여자돌입전류에 동작하지 말 것

정답 17 ② 18 ③ 19 ① 20 ①

2019년 3회

01 다음 중 전력선반송 보호 계전 방식의 장점이 아닌 것은?

① 저주파 반송전류를 중첩시켜 사용하므로 계통의 신뢰도가 높아진다.
② 고장 구간의 선택이 확실하다.
③ 동작이 예민하다.
④ 고장점이나 계통의 여하에 불구하고 선택차단개소를 동시에 고속도 차단할 수 있다.

해설 | 전력선 반송 보호 계전 방식
- 고장 구간 선택이 정확하다.
- 고주파 반송전류를 중첩시켜 사용하므로 계통의 신뢰도가 높아진다.

02 송전선로에 낙뢰를 방지하기 위하여 설치하는 것은?

① 댐퍼   ② 초호환
③ 가공지선   ④ 애자

해설 | 가공지선
- 직격뢰, 유도뢰, 통신선에 대한 전자유도 경감의 목적
- 차폐각 35 ~ 40°
- 차폐각이 작을수록 보호율이 높음
- 가공지선을 2회선으로 하면 차폐각이 작아짐
- ACSR 사용

03 송전선로에 근접한 통신선에 유도장해가 발생하였다. 전자유도의 주된 원인은?

① 영상전류   ② 정상전류
③ 정상전압   ④ 역상전압

해설 | 유도장해의 발생 원인
- 전자유도장해(영상전류)
  전력선과 통신선 간 상호 인덕턴스가 원인
- 정전유도장해(영상전압)
  전력선과 통신선 간 상호 정전용량이 원인

04 변류기 개방 시 2차 측을 단락하는 이유는?

① 2차 측 절연 보호
② 2차 측 과전류 보호
③ 측정 오차 방지
④ 1차 측 과전류 방지

해설 | 변류기 2차 개방 시 현상
- 1차 전류가 모두 여자전류가 됨
- 2차 측에 과전압을 유기하여 절연 파괴
- 절연 파괴 대책 : 변류기 2차 측 단락

05 송전계통의 중성점을 접지하는 목적으로 틀린 것은?

① 지락 고장 시 전선로의 대지 전위 상승을 억제하고 전선로와 기기의 절연을 경감시킨다.
② 소호리액터 접지 방식에서는 1선 지락 시 지락점 아크를 빨리 소멸시킨다.
③ 차단기의 차단 용량을 증대시킨다.
④ 지락고장에 대한 계전기의 동작을 확실하게 한다.

해설 | 중성점 접지 목적
- 이상전압의 경감 및 발생 억제(주 목적)
- 절연레벨 경감
- 접지계전기의 확실한 동작
- 소호리액터 접지 시 1선 지락 아크 소멸
- 과도 안정도의 증진

06 가공 왕복선 배치에 지름이 d [m]이고 선간거리가 D [m]인 선로 한 가닥의 작용인덕턴스는 몇 [mH/km]인가? (단, 선로의 투자율은 1이라 한다)

① $0.5 + 0.4605\log_{10}\dfrac{D}{d}$

② $0.05 + 0.4605\log_{10}\dfrac{D}{d}$

③ $0.5 + 0.4605\log_{10}\dfrac{2D}{d}$

④ $0.05 + 0.4605\log_{10}\dfrac{2D}{d}$

해설 | 인덕턴스(L) 계산

$$L = 0.05 + 0.4605\log_{10}\dfrac{D}{r}$$
$$= 0.05 + 0.4605\log_{10}\dfrac{D}{\dfrac{d}{2}}$$
$$= 0.05 + 0.4605\log_{10}\dfrac{2D}{d}\ [mH/km]$$

07 뒤진 역률 80 [%], 10 [kVA]의 부하를 가지는 주상 변압기의 2차 측에 2 [kVA]의 전력용 콘덴서를 접속하면 주상변압기에 걸리는 부하는 약 몇 [kVA]가 되겠는가?

① 8
② 8.5
③ 9
④ 9.5

해설 | 콘덴서 설치 후 변압기 부하 [kVA] 계산
- 콘덴서 설치 진 유효전력 (P), 무효전력 (P_r)

$P = P_a\cos\theta = 10 \times 0.8 = 8\ [kW]$

$P_r = P_a\sin\theta = 10 \times 0.6 = 6\ [kVar]$

($\sin\theta = \sqrt{1-\cos^2\theta} = \sqrt{1-0.8^2} = 0.6$)

- 콘덴서 설치 (Q_c) 후 무효전력

$P_r' = P_r - Q_c = 6 - 2 = 4\ [kVar]$

∴ 콘덴서 설치 후 피상전력

$P_a' = \sqrt{P^2 + P_r'^2}$
$= \sqrt{8^2 + 4^2} ≒ 9\ [kVA]$

08 발전소의 발전기 정격전압 [kV]으로 사용되는 것은?

① 6.6
② 33
③ 66
④ 154

해설 | **발전기 표준전압[kV]**
- 소형기 3.3
- 중형기 6.6 / 11
- 대형기 13.8 / 16.5 / 18

09 송전선로를 연가하는 주된 목적은?

① 선로정수의 평형
② 페란티효과의 방지
③ 직격뢰의 방지
④ 유도뢰의 방지

해설 | **연가효과**
- 선로정수 평형(주 목적)
- 유도장해 감소
- 중성점 잔류전압 감소
- 직렬공진 방지

10 부하전류 및 단락전류를 모두 개폐할 수 있는 스위치는?

① 단로기
② 차단기
③ 선로개폐기
④ 전력퓨즈

해설 | **차단기**
부하전류 및 단락전류 모두 개폐 가능

11 양수발전의 주된 목적으로 옳은 것은?

① 연간 발전량을 늘이기 위하여
② 연간 평균 손실 전력을 줄이기 위하여
③ 연간 발전비용을 줄이기 위하여
④ 연간 수력발전량을 늘이기 위하여

해설 | **양수 발전**
- 심야 경부하 시 발전 단가 낮은 잉여 전력 사용
- 낮은 곳에 있는 물을 높은 곳으로 퍼올렸다가 첨두부하 시 발전에 사용
- 연간 발전 비용 감소

12 송·수전단전압을 E_S, E_R라 하고 4단자 정수를 A, B, C, D라 할 때 전력 원선도의 반지름은?

① $\dfrac{E_S E_R}{A}$
② $\dfrac{E_S^2 E_R^2}{A}$
③ $\dfrac{E_S E_R}{B}$
④ $\dfrac{E_S^2 E_R^2}{B}$

해설 | **원선도의 반지름**
$$\rho = \dfrac{E_S E_R}{B}$$

13 동일한 부하전력에 대하여 전압을 2배로 승압하면 전압강하, 전압강하율, 전력손실률은 각각 얼마나 감소하는지를 순서대로 나열한 것은?

① $\frac{1}{2}, \frac{1}{2}, \frac{1}{2}$ ② $\frac{1}{2}, \frac{1}{2}, \frac{1}{4}$
③ $\frac{1}{2}, \frac{1}{4}, \frac{1}{4}$ ④ $\frac{1}{4}, \frac{1}{4}, \frac{1}{4}$

해설 | 전압 n배 승압 시 각 전기 요소 값

- 전압강하 $e \propto \frac{1}{V} = \frac{1}{2}$
- 전압강하율 $\varepsilon \propto \frac{1}{V^2} = \frac{1}{4}$
- 전력손실률 $P_l \propto \frac{1}{V^2} = \frac{1}{4}$

14 66 [kV], 60 [Hz] 3상 3선식 선로에서 중성점을 소호리액터 접지하여 완전 공진 상태로 되었을 때 중성점에 흐르는 전류는 몇 [A]인가? (단, 소호리액터를 포함한 영상회로의 등가저항은 200 [Ω], 중성점 잔류전압은 4400 [V]라고 한다)

① 11   ② 22
③ 33   ④ 44

해설 | 중성점전류 계산

완전 공진 상태 시, 전류 $I = \frac{E}{R}$

$\therefore I = \frac{4400}{200} = 22 \, [A]$

15 3상 3선식 송전 선로에서 정격전압이 66 [kV]이고, 1선당 리액턴스가 10 [Ω]일 때, 100 [MVA] 기준의 %리액턴스는 약 얼마인가?

① 17 [%]   ② 23 [%]
③ 52 [%]   ④ 69 [%]

해설 | %리액턴스(%X) 계산

$\%X = \frac{P_n X}{10 V^2} = \frac{100 \times 10^3 \times 10}{10 \times 66^2}$
$\fallingdotseq 23 \, [\%]$

TIP V 및 P_n 단위 : [kV] 및 [kVA]여야 함

16 정격 용량 150 [kVA]인 단상 변압기 두 대로 V결선을 했을 경우 최대 출력은 약 몇 [kVA]인가?

① 170   ② 173
③ 260   ④ 280

해설 | V결선 출력(P_V) 계산

$P_V = \sqrt{3} P_1 = \sqrt{3} \times 150$
$\fallingdotseq 260 \, [kVA]$

17 차단기에서 정격차단 시간의 표준이 아닌 것은?

① 3 [Hz]   ② 5 [Hz]
③ 8 [Hz]   ④ 10 [Hz]

해설 | 차단기 정격차단 시간
- 트립 코일 여자부터 아크 소호까지의 시간
- 3, 5, 8 [Hz]

정답 13 ③ 14 ② 15 ② 16 ③ 17 ④

18 배전선로의 역률 개선에 따른 효과로 적합하지 않은 것은?

① 전원 측 설비의 이용률 향상
② 선로절연에 요하는 비용 절감
③ 전압강하 감소
④ 선로의 전력손실 경감

해설 | **역률 개선의 효과**
- 전력손실 경감
- 전압강하 경감
- 설비 용량 여유분 증가
- 전기 요금 절약

19 어떤 수력발전소의 수압관에서 분출되는 물의 속도와 직접적인 관련이 없는 것은?

① 수면에서의 연직 거리
② 관의 경사
③ 관의 길이
④ 유량

해설 | **물의 속도 관련 사항**
- 수면에서의 연직거리
- 관의 경사
- 유량

20 송전단전압 161 [kV], 수전단전압 155 [kV], 상차각 40°, 리액턴스가 49.8 [Ω]일 때 선로 손실을 무시한다면 전송 전력은 약 몇 [MW]인가?

① 289
② 322
③ 373
④ 869

해설 | 송전전력(P) 계산

$$P = \frac{V_s V_r}{X} \sin\delta$$
$$= \frac{161 \times 155}{49.8} \sin 40 ≒ 322 \, [MW]$$

2018년 1회

01 차단기의 정격투입전류란 투입되는 전류의 최초 주파수의 어느 값을 말하는가?

① 평균값
② 최댓값
③ 실횻값
④ 직류값

해설 | **차단기 정격 투입전류**
차단기 정격 투입전류란 차단기 투입전류의 최초 주파수의 최댓값을 말한다.

02 영상변류기와 관계가 가장 깊은 계전기는?

① 차동 계전기
② 과전류 계전기
③ 과전압 계전기
④ 선택접지 계전기

해설 | **영상변류기 (ZCT)**
- 지락사고 시 지락전류(영상전류) 검출
- 별도의 차단전류가 필요
- 지락 계전기(GR), 선택 지락 계전기(SGR) 등 추가 설치

03 전력계통에서의 단락 용량 증대가 문제가 되고 있다. 이러한 단락 용량을 경감하는 대책이 아닌 것은?

① 사고 시 모선을 통합한다.
② 상위전압계통을 구성한다.
③ 모선 간에 한류리액터를 삽입한다.
④ 발전기와 변압기의 임피던스를 크게 한다.

해설 | %임피던스(%Z)와 단락전류(I_s)의 관계
- $I_s = \dfrac{100}{\%Z} I_n = \dfrac{100}{\%Z} \times \dfrac{P_n}{\sqrt{3}\, V_n} [A]$
- 사고 시 계통의 모선을 통합하면 임피던스가 감소하여, 단락전류가 증대됨

04 송전계통의 안정도 증진 방법에 대한 설명이 아닌 것은?

① 전압변동을 작게 한다.
② 직렬리액턴스를 크게 한다.
③ 고장 시 발전기 입·출력의 불평형을 작게 한다.
④ 고장전류를 줄이고 고장 구간을 신속하게 차단한다.

해설 | **안정도 향상 대책**
- 계통의 직렬 리액턴스 감소
- 조속기 작동을 빠르게 함
- 속응 여자 방식
- 계통연계 방식
- 고속도 재폐로 방식
- 중간 조상 방식
- 직렬 콘덴서 설치
- 병렬 회선 수 늘림

정답 01 ② 02 ④ 03 ① 04 ②

05 150 [kVA] 전력용 콘덴서에 제5고조파를 억제시키기 위해 필요한 직렬리액터의 최소 용량은 몇 [kVA]인가?

① 1.5
② 3
③ 4.5
④ 6

해설 | 직렬리액터 용량(Q_{SR}) 계산
$Q_{SR} = 0.04 \times$ 전력용 콘덴서 용량
$= 0.04 \times 150 = 6\ [kVA]$

TIP 이론상 4 [%], 실제 5 ~ 6 [%]

06 보일러 급수 중에 포함되어 있는 산소 등에 의한 보일러 배관의 부식을 방지할 목적으로 사용되는 장치는?

① 탈기기
② 공기 예열기
③ 급수 가열기
④ 수위 경보기

해설 | 탈기기
급수 중에 포함되어 있는 산소 등에 의한 보일러 배관 부식 방지

07 다음 중 그 값이 1 이상인 것은?

① 부등률
② 부하율
③ 수용률
④ 전압강하율

해설 | 부등률 계산식
부등률 = $\dfrac{\text{각 수용가 최대수용전력의 합}}{\text{합성 최대수용전력 (동시간대)}} \geq 1$

08 화력 발전소에서 가장 큰 손실은?

① 소 내용 동력
② 복수기의 방열손
③ 연돌 배출가스 손실
④ 터빈 및 발전기의 손실

해설 | 복수기
- 화력발전에서 손실이 가장 큰 설비
- 우리나라에서는 표면복수기를 주로 사용
- 냉각수를 통해 습증기를 급수로 변환

09 선간거리를 D, 전선의 반지름을 r 이라 할 때 송전선의 정전용량은?

① $\log_{10} \dfrac{D}{r}$ 에 비례한다.

② $\log_{10} \dfrac{r}{D}$ 에 비례한다.

③ $\log_{10} \dfrac{D}{r}$ 에 반비례한다.

④ $\log_{10} \dfrac{r}{D}$ 에 반비례한다.

해설 | 각 요소와 정전용량(C)의 관계
- $C = \dfrac{0.02413}{\log_{10} \dfrac{D}{r}}\ [\mu F/km]$

$\therefore \log_{10} \dfrac{D}{r}$ 에 반비례

정답 05 ④ 06 ① 07 ① 08 ② 09 ③

10 배전선로의 용어 중 틀린 것은?

① 궤전점 : 간선과 분기선의 접속점
② 분기선 : 간선으로 분기되는 변압기에 이르는 선로
③ 간선 : 급전선에 접속되어 부하로 전력을 공급하거나 분기선을 통하여 배전하는 선로
④ 급전선 : 배전용 변전소에서 인출되는 배전선로에서 최초의 분기점까지의 전선으로 도중에 부하가 접속되어 있지 않은 선로

해설 | 궤전점
- 급전선과 분기선의 접속점
- 급전선과 간선의 접속점

11 송전계통에서 발생한 고장 때문에 일부 계통의 위상각이 커져서 동기를 벗어나려고 할 경우 이것을 검출하고 계통을 분리하기 위해서 차단하지 않으면 안 될 경우에 사용되는 계전기는?

① 한시 계전기
② 선택 단락 계전기
③ 탈조 보호계전기
④ 방향 거리 계전기

해설 | 탈조 보호계전기
전력계통에서 갑작스런 사고 발생 시 동기발전기와 부하 간 위상각이 크게 벌어진다. 이때 발전기가 계통으로부터 분리(탈조현상 발생)되는데 이를 방지하기 위한 계전기이다.

12 가공 송전선에 사용되는 애자 1연 중 전압 부담이 최대인 애자는?

① 중앙에 있는 애자
② 철탑에 제일 가까운 애자
③ 전선에 제일 가까운 애자
④ 전선으로부터 1/4 지점에 있는 애자

해설 | 애자련 전압 부담 강도
- 전압부담 가장 큼
  전선에 제일 가까운 애자
- 전압부담 가장 적음
  전선으로부터 1/3 지점에 있는 애자

13 송전선에 복도체를 사용하는 주된 목적은?

① 역률 개선
② 정전용량의 감소
③ 인덕턴스의 증가
④ 코로나 발생의 방지

해설 | 복도체 사용 목적
- 코로나 임계전압(E_0) 계산식
  $$E_0 = 24.3\, m_o m_1 \delta\, d \log_{10} \frac{D}{r}\ [kV]$$
- 복도체 사용 시 도체직경(d) 증가로 E_0가 상승하여 코로나 발생 억제함

암 복코

14 선간전압, 부하역률, 선로 손실, 전선 중량 및 배전 거리가 같다고 할 경우 단상 2선식과 3상 3선식의 공급전력의 비(단상/3상)는?

① $1/3$ ② $1/\sqrt{3}$
③ $\sqrt{3}$ ④ $\sqrt{3}/2$

해설 | 공급 방식별 공급전력 비 계산

- 단상 2선식 전력비 $P = \dfrac{1}{2}EI$
- 3상 3선식 전력비 $P = \dfrac{\sqrt{3}}{3}EI$

$$\therefore \dfrac{\text{단상 2선식}}{\text{3상 3선식}} = \dfrac{\dfrac{1}{2}EI\cos\theta}{\dfrac{1}{3}\sqrt{3}EI\cos\theta} = \dfrac{\sqrt{3}}{2}$$

15 송전선로의 중성점 접지의 주된 목적은?

① 단락전류 제한
② 송전용량의 극대화
③ 전압강하의 극소화
④ 이상전압의 발생 방지

해설 | 중성점 접지 목적

- 이상전압의 경감 및 발생 억제(주 목적)
- 절연레벨 경감
- 접지계전기의 확실한 동작
- 소호리액터 접지 시 1선 지락 아크 소멸
- 과도 안정도의 증진

16 전주 사이의 경간이 80 [m]인 가공전선로에서 전선 1 [m]당의 하중이 0.37 [kg], 전선의 이도가 0.8 [m]일 때 수평장력은 몇 [kg] 인가?

① 330   ② 350
③ 370   ④ 390

해설 | 수평장력(T) 계산

$$T = \dfrac{WS^2}{8D} = \dfrac{0.37 \times 80^2}{8 \times 0.8} = 370\,[kg]$$

17 수차의 특유속도 N_s를 나타내는 계산식으로 옳은 것은? (단, 유효낙차 : H [m], 수차의 출력 : P [kW], 수차의 정격 회전수 : N [rpm]이라 한다)

① $N_s = \dfrac{NP^{\frac{1}{2}}}{H^{\frac{5}{4}}}$ ② $N_s = \dfrac{H^{\frac{5}{4}}}{NP}$

③ $N_s = \dfrac{HP^{\frac{1}{4}}}{N^{\frac{5}{4}}}$ ④ $N_s = \dfrac{NP^2}{H^{\frac{5}{4}}}$

해설 | 수차의 특유속도(N_s) 산출 계산식

$$N_s = N\dfrac{P^{\frac{1}{2}}}{H^{\frac{5}{4}}}[m \cdot kW]$$

18 고장점에서 전원 측을 본 계통임피던스를 Z [Ω], 고장점의 상전압을 E [V]라 하면 3상 단락전류(A)는?

① E/Z ② $ZE/\sqrt{3}$
③ $\sqrt{3}E/Z$ ④ $3E/Z$

해설 | 3상 단락전류(Is) 계산식
$$I_s = \frac{E}{Z} [A]$$

19 3상계통에서 수전단전압 60 [kV], 전류 250 [A], 선로의 저항 및 리액턴스가 각각 7.61 [Ω], 11.85 [Ω]일 때 전압강하율은? (단, 부하역률은 0.8(늦음)이다)

① 약 5.50 [%] ② 약 7.34 [%]
③ 약 8.69 [%] ④ 약 9.52 [%]

해설 | 전압강하율(ε) 계산
$$e = \sqrt{3}I(R\cos\theta + X\sin)$$
$$= \sqrt{3} \times 250(7.61 \times 0.8 + 11.85 \times 0.6)$$
$$= 5715 [V]$$
$$\therefore \varepsilon = \frac{e}{V_r} \times 100 [\%]$$
$$= \frac{5715}{60000} \times 100 = 9.52 [\%]$$

20 피뢰기의 구비 조건이 아닌 것은?

① 속류의 차단 능력이 충분할 것
② 충격 방전 개시 전압이 높을 것
③ 상용 주파 방전 개시 전압이 높을 것
④ 방전 내량이 크고, 제한전압이 낮을 것

해설 | 피뢰기 구비 조건
• 상용주파 방전 개시 전압이 높을 것
• 충격 방전 개시 전압이 낮을 것
• 속류(기류) 차단 능력이 클 것
• 제한전압이 낮을 것
• 내구성 및 경제성이 있을 것
• 방전 내량이 클 것

정답 18 ① 19 ④ 20 ②

2018년 2회

01 보호계전기 동작이 가장 확실한 중성점 접지 방식은?

① 비접지 방식
② 저항 접지 방식
③ 직접 접지 방식
④ 소호리액터 접지 방식

해설 | **직접 접지 특징**
- 1선 지락 시 건전상 대지전압 상승 거의 없음
- 선로 및 기기의 절연 레벨을 낮춤
- 보호계전기 동작 확실
- 단절연 변압기 사용 가능(저감 절연)
- 과도 안정도가 나쁨
- 지락 시 지락전류가 최대
- 통신선 전자유도장해가 발생
- 차단기 차단 능력이 증가

02 단상 2선식의 교류 배전선이 있다. 전선 한 줄의 저항은 0.15 [Ω], 리액턴스는 0.25 [Ω]이다. 부하는 무유도성으로 100 [V], 3 [kW]일 때 급전점의 전압은 약 몇 [V]인가?

① 100   ② 110
③ 120   ④ 130

해설 | **급전점 전압 계산**
- $I = \dfrac{P}{V\cos\theta} = \dfrac{3000}{100 \times 1} = 30\,[A]$
- 무유도성 부하일 시 : $\cos\theta = 1$
- $\therefore V_s = V_r + 2I(R\cos\theta + X\sin\theta)$
  $= 100 + 2 \times 30$
  $\quad \times (0.15 \times 1 + 0.25 \times 0)$
  $\fallingdotseq 109\,[V]$

03 우리나라에서 현재 사용되고 있는 송전전압에 해당되는 것은?

① 150 [kV]   ② 220 [kV]
③ 345 [kV]   ④ 700 [kV]

해설 | **우리나라 송전전압(kV)**
154, 345, 765

04 제5고조파를 제거하기 위하여 전력용 콘덴서 용량의 몇 [%]에 해당하는 직렬리액터를 설치하는가?

① 2 ~ 3   ② 5 ~ 6
③ 7 ~ 8   ④ 9 ~ 10

해설 | **직렬리액터**
- 용도 : 제 5고조파 전류 억제용
- 용량 : 이론상 전력용 콘덴서 용량의 4 [%] 이상 여유, 실제 5 ~ 6 [%] 여유 필요

5 정정된 값 이상의 전류가 흘렀을 때 동작전류의 크기와 상관없이 항상 정해진 시간이 경과한 후에 동작하는 보호계전기는?

① 순시 계전기
② 정한시 계전기
③ 반한시 계전기
④ 반한시성 정한시 계전기

해설 | **정한시 계전기**
최소 동작전류 흐를 시 일정한 시간 지난 후 동작

6 변전소에서 사용되는 조상설비 중 지상용으로만 사용되는 조상설비는?

① 분로리액터
② 동기 조상기
③ 전력용 콘덴서
④ 정지형 무효전력 보상장치

해설 | **조상설비 종류**
- 전력용 콘덴서 : 진상 무효전력 공급
- 분로리액터 : 지상 무효전력 공급
- 동기 조상기 : 진상·지상 무효전력 공급

7 저압 뱅킹(Banking) 배전 방식이 적당한 곳은?

① 농촌
② 어촌
③ 화학공장
④ 부하 밀집지역

해설 | **저압 뱅킹 방식**
공급 신뢰도가 우수하여 밀집 지역 적합

8 유효낙차가 40 [%] 저하되면 수차의 효율이 20 [%] 저하된다고 할 경우 이때의 출력은 원래의 약 몇 [%]인가? (단, 안내 날개의 열림은 불변인 것으로 한다)

① 37.2
② 48.0
③ 52.7
④ 63.7

해설 | **낙차 및 효율 변화 시 P_2 출력 값 계산**
- 낙차 변화와 출력 관계식

$$\frac{P_2}{P_1} = \left(\frac{H_2}{H_1}\right)^{\frac{3}{2}}, \quad P_2 = P_1 \times \left(\frac{H_2}{H_1}\right)^{\frac{3}{2}}$$

- 유효낙차 40 [%] 감소 시 : $0.6 H_1$
- 효율 20 [%] 감소 시 : 0.8
- $P_2 = P_1 \times \left(\frac{0.6 H_1}{H_1}\right)^{\frac{3}{2}} \times 0.8$

$$\therefore P_2 = 0.372 P_1$$

9 전력용 퓨즈는 주로 어떤 전류의 차단을 목적으로 사용하는가?

① 지락전류
② 단락전류
③ 과도전류
④ 과부하전류

해설 | **전력 퓨즈(PF)**
- 단락전류 차단
- 소형으로 차단 용량 큼
- 가격이 저렴하며 보수 간단
- 차단 시 소음 적음
- 과도전류에 용단되기 쉬움

정답 05 ② 06 ① 07 ④ 08 ① 09 ②

10 장거리 송전선로의 4단자 정수(A, B, C, D) 중 일반식을 잘못 표기한 것은?

① $A = \cosh\sqrt{ZY}$

② $B = \sqrt{\dfrac{Z}{Y}}\sinh\sqrt{ZY}$

③ $C = \sqrt{\dfrac{Z}{Y}}\sinh\sqrt{ZY}$

④ $D = \cosh\sqrt{ZY}$

해설 | 장거리 송전선로 일반식
- $A = \cosh\sqrt{ZY}$
- $B = \sqrt{\dfrac{Z}{Y}}\sinh\sqrt{ZY}$
- $C = \sqrt{\dfrac{Y}{Z}}\sinh\sqrt{ZY}$
- $D = \cosh\sqrt{ZY}$

11 3상 1회선 전선로에서 대지정전용량은 C_s이고 선간정전용량을 C_m이라 할 때, 작용정전용량 C_n은?

① $C_s + C_m$ ② $C_s + 2C_m$

③ $C_s + 3C_m$ ④ $2C_s + C_m$

해설 | 상별 정전용량(C) 계산식
- 단상 2선식 $C = C_s + 2C_m$ [μF]
- 3상 3선식 $C = C_s + 3C_m$ [μF]

12 송전선로의 뇌해 방지와 관계없는 것은?

① 댐퍼   ② 피뢰기
③ 매설지선 ④ 가공지선

해설 | 댐퍼(Damper)
전선의 진동 및 도약 방지설비

13 소호리액터 접지에 대한 설명으로 틀린 것은?

① 지락전류가 작다.
② 과도 안정도가 높다.
③ 전자유도장애가 경감된다.
④ 선택 지락 계전기의 작동이 쉽다.

해설 | 소호리액터 접지 방식 특징
- 병렬 공진 시 지락전류 최소
- 통신 장애 최소
- 차단기 차단 능력 가벼움
- 유도장해 최소
- 보호계전기 동작 불확실
- 단선 사고 시 직렬공진에 의한 이상전압 최대 발생
- 지락전류가 작아 선택 지락 계전기의 동작이 어려움

14 3상 3선식 배전선로에 역률이 0.8(지상)인 3상 평형 부하 40 [kW]를 연결했을 때 전압강하는 약 몇 [V]인가? (단, 부하의 전압은 200 [V], 전선 1조의 저항은 0.02 [Ω]이고, 리액턴스는 무시한다)

① 2
② 3
③ 4
④ 5

해설 | 3상 전압강하(e) 계산
$$e = \sqrt{3}\,I(R\cos\theta + X\sin\theta)$$
$$= \sqrt{3} \times \frac{P}{\sqrt{3}\,V\cos\theta}(R\cos\theta + X\sin\theta)$$
$$= \frac{P}{V} \times R = \frac{40000}{200} \times 0.02 \fallingdotseq 4\ [V]$$

15 분기회로용으로 개폐기 및 자동차단기의 2가지 역할을 수행하는 것은?

① 기중차단기
② 진공차단기
③ 전력용 퓨즈
④ 배선용 차단기

해설 | 배선용 차단기(MCCB)
- 저압 배전선로 분기회로 개폐
- 자동차단기 역할 수행

16 교류 저압 배전 방식에서 밸런서를 필요로 하는 방식은?

① 단상 2선식
② 단상 3선식
③ 3상 3선식
④ 3상 4선식

해설 | 단상 3선식 배전 방식
- 중성선 단선 시 전압 불평형 발생
- 불평형 대책 : 밸런서 설치

17 보일러에서 흡수 열량이 가장 큰 것은?

① 수냉벽
② 과열기
③ 절탄기
④ 공기예열기

해설 | 보일러
- 급수에 열량을 가하여 증기로 만드는 장치
- 보일러 내 수냉벽에서 가장 많은 열량 흡수

18 3상차단기의 정격차단 용량을 나타낸 것은?

① $\sqrt{3}\times$정격전압 × 정격전류
② $\dfrac{1}{\sqrt{3}}\times$정격전압 × 정격전류
③ $\sqrt{3}\times$정격전압 × 정격차단전류
④ $\dfrac{1}{\sqrt{3}}\times$정격전압 × 정격차단전류

해설 | 3상차단기 정격차단 용량(P_s) 계산식
$$P_s = \sqrt{3}\,V_n I_s\ [kVA]$$
V_n : 정격전압 I_s : 정격차단전류

정답 14 ③ 15 ④ 16 ② 17 ① 18 ③

19 변류기 개방 시 2차 측을 단락하는 이유는?

① 측정 오차 방지
② 2차 측 절연 보호
③ 1차 측 과전류 방지
④ 2차 측 과전류 보호

해설 | **변류기 2차 개방 시 현상**
- 1차 전류가 모두 여자전류가 됨
- 2차 측에 과전압을 유기하여 절연 파괴
- 절연 파괴 대책 : 변류기 2차 측 단락

20 단상 승압기 1대를 사용하여 승압할 경우 승압 전의 전압을 E_1하면, 승압 후의 전압 E_2는 어떻게 되는가? (단, 승압기의 변압비는 $\dfrac{\text{전원측 전압}}{\text{부하측 전압}} = \dfrac{e_1}{e_2}$이다)

① $E_2 = E_1 + e_1 E_1$
② $E_2 = E_1 + e_2$
③ $E_2 = E_1 + \dfrac{e_2}{e_1} E_1$
④ $E_2 = E_1 + \dfrac{e_1}{e_2} E_1$

해설 | **승압 후 전압 계산**
$E_2 = E_1 + \dfrac{e_2}{e_1} E_1 \ [V]$

2018년 3회

전기산업기사 전력공학

01 단상 2선식에 비하여 단상 3선식의 특징으로 옳은 것은?

① 소요 전선량이 많아야 한다.
② 중성선에는 반드시 퓨즈를 끼워야 한다.
③ 110 [V] 부하 외에 220 [V] 부하의 사용이 가능하다.
④ 전압 불평형을 줄이기 위하여 저압선의 말단에 전력용 콘덴서를 설치한다.

해설 | 단상 3선식 특징
110 [V]와 220 [V] 모두 사용 가능

02 정삼각형 배치의 선간거리가 5 [m]이고, 전선의 지름이 1 [cm]인 3상 가공 송전선의 1선의 정전용량은 약 몇 [μF/km]인가?

① 0.008
② 0.016
③ 0.024
④ 0.032

해설 | 정전용량(C) 계산

$$C = \frac{0.02413}{\log_{10}\frac{D}{r}} = \frac{0.02413}{\log_{10}\frac{5}{0.5 \times 10^{-2}}}$$
$$= 8.04 \times 10^{-3} = 0.008 \times 10^{-6}$$
$$= 0.008 \ [\mu F/km]$$

03 수력발전소의 취수 방법에 따른 분류로 틀린 것은?

① 댐식
② 수로식
③ 역조정지식
④ 유역변경식

해설 | 수력발전소의 분류
(1) 낙차에 따른 분류(취수 방법에 의한 분류)
  • 수로식 발전소
  • 유역 변경식 발전소
  • 댐 발전소
  • 댐 수로식 발전소
(2) 운용 방법에 따른 분류
  • 자류식   • 저수지식
  • 조정지식   • 양수식

04 선로의 특성임피던스에 관한 내용으로 옳은 것은?

① 선로의 길이에 관계없이 일정하다.
② 선로의 길이가 길어질수록 값이 커진다.
③ 선로의 길이가 길어질수록 값이 작아진다.
④ 선로의 길이보다는 부하전력에 따라 값이 변한다.

해설 | 특성임피던스(P_s)

• $Z_0 = \sqrt{\dfrac{Z}{Y}} = \sqrt{\dfrac{R+j\omega L}{G+j\omega C}}$
  $= \sqrt{\dfrac{L}{C}} \ [\Omega]$

• 특성임피던스는 선로의 길이에 관계없이 일정하다.

정답 01 ③ 02 ① 03 ③ 04 ①

05 송전선에 복도체를 사용할 때의 설명으로 틀린 것은?

① 코로나 손실이 경감된다.
② 안정도가 상승하고 송전용량이 증가한다.
③ 정전 반발력에 의한 전선의 진동이 감소된다.
④ 전선의 인덕턴스는 감소하고, 정전용량이 증가한다.

해설 | 복도체 사용 시 문제점
- 서로 같은 방향의 전류가 흘러 흡인력 발생
- 흡인력 대책 : 스페이서

06 화력발전소에서 증기 및 급수가 흐르는 순서는?

① 보일러 → 과열기 → 절탄기 → 터빈 → 복수기
② 보일러 → 절탄기 → 과열기 → 터빈 → 복수기
③ 절탄기 → 보일러 → 과열기 → 터빈 → 복수기
④ 절탄기 → 과열기 → 보일러 → 터빈 → 복수기

해설 | 화력발전소 기본 사이클
절탄기(급수펌프) → 보일러 → 과열기 → 터빈 → 복수기 → 급수펌프

07 선간전압이 V [kV]이고, 1상의 대지정전용량이 C [μF], 주파수가 f [Hz]인 3상 3선식 1회선 송전선의 소호리액터 접지 방식에서 소호리액터의 용량은 몇 [kVA]인가?

① $6\pi f C V^2 \times 10^{-3}$
② $3\pi f C V^2 \times 10^{-3}$
③ $2\pi f C V^2 \times 10^{-3}$
④ $\sqrt{3}\pi f C V^2 \times 10^{-3}$

해설 | 소호리액터의 용량(Q_L) 계산
$$Q_L = Q_c = 3\omega C E^2$$
$$= 3 \times 2\pi f \times C \times 10^{-6} \times (\frac{V \times 10^3}{\sqrt{3}})^2$$
$$= 2\pi f C V^2 \, [VA]$$
$$= 2\pi f C V^2 \times 10^{-3} \, [kVA]$$

08 중성점 비접지 방식을 이용하는 것이 적당한 것은?

① 고전압 장거리   ② 고전압 단거리
③ 저전압 장거리   ④ 저전압 단거리

해설 | 비접지식 방식 특징
저전압(3.3 [kV]) 단거리 선로에 적용

09 수전단전압이 3300 [V]이고, 전압강하율이 4 [%]인 송전선의 송전단전압은 몇 [V]인가?

① 3395   ② 3432
③ 3495   ④ 5678

해설 | 송전단전압(V_s) 계산

- $\varepsilon = \dfrac{V_s - V_r}{V_r} \times 100\ [\%]$ ε : 전압강하율

- $4 = \dfrac{V_s - 3300}{3300} \times 100\ [\%]$

$$\therefore V_s = 3432\ [V]$$

10 현수애자 4개를 1련으로 한 66 [kV] 송전선로가 있다. 현수애자 1개의 절연저항은 1500 [MΩ], 이 선로의 경간이 200 [m]라면 선로 1 [km]당의 누설컨덕턴스는 몇 [℧]인가?

① 0.83×10^{-9} ② 0.83×10^{-6}
③ 0.83×10^{-3} ④ 0.83×10^{-2}

해설 | 누설컨덕턴스(G) 계산

- 현수애자 1련의 저항(직렬 접속)
  $R = 1500\ [M\Omega] \times 4 = 6000\ [M\Omega]$

- 선로 1 [km], 경간 200 [m] 애자 5련 설치(병렬접속)
  $R = \dfrac{r}{n} = \dfrac{6000}{5} = 1200\ [M\Omega]$

∴ 누설 컨덕턴스 $G\ [℧]$

$$G = \dfrac{1}{R} = \dfrac{1}{1200 \times 10^6} = 0.83 \times 10^{-9}$$

11 변압기의 손실 중 철손의 감소 대책이 아닌 것은?

① 자속 밀도의 감소
② 권선의 단면적 증가
③ 아몰퍼스 변압기의 채용
④ 고배향성 규소 강판 사용

해설 | 권선의 단면적 증가
동손 감소 대책

12 변압기 내부 고장에 대한 보호용으로 현재 가장 많이 쓰이고 있는 계전기는?

① 주파수 계전기
② 전압차동 계전기
③ 비율차동 계전기
④ 방향 거리 계전기

해설 | 비율차동계전기

- 1, 2차 전류 차가 일정 비율 이상 시 동작
- 변압기 및 발전기의 내부 고장 보호

13 그림과 같은 전선로의 단락용량은 약 몇 [MVA]인가? (단, 그림의 수치는 10000 [kVA]를 기준으로 한 %리액턴스를 나타낸다)

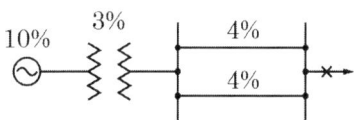

① 33.7   ② 66.7
③ 99.7   ④ 132.7

해설 | 단락 용량(P_s) 계산

$$\%Z = \%X_g + \%X_t + \dfrac{\%X_{l1} \times \%X_{l2}}{\%X_{l1} + \%X_{l2}}$$

$$= 10 + 3 + \dfrac{4 \times 4}{4 + 4} = 15\ [\%]$$

$$\therefore P_s = \dfrac{100}{15} \times 10 = 66.7\ [MVA]$$

14 영상변류기를 사용하는 계전기는?

① 지락 계전기 ② 차동 계전기
③ 과전류 계전기 ④ 과전압 계전기

해설 | 영상변류기(ZCT)
- 지락사고 시 지락전류(영상전류) 검출
- 별도의 차단전류가 필요
- 지락 계전기(GR), 선택 지락 계전기(SGR) 등 추가 설치

15 전선의 지지점 높이가 31 [m]이고, 전선의 이도가 9 [m]라면 전선의 평균 높이는 몇 [m]인가?

① 25.0 ② 26.5
③ 28.5 ④ 30.0

해설 | 전선의 평균 높이(H_0) 계산

$$H_0 = H - \frac{2}{3}D = 31 - \frac{2}{3} \times 9 = 25 \,[m]$$

16 초고압용 차단기에서 개폐저항을 사용하는 이유는?

① 차단전류 감소
② 이상전압 감쇄
③ 차단속도 증진
④ 차단전류의 역률 개선

해설 | 개폐서지 발생 및 대책
- 송전 선로의 개폐 조작 시 발생
- 전위상승 4배 상승
- 개폐서지 대책 : 개폐 저항기

17 전력계통 안정도는 외란의 종류에 따라 구분되는데, 송전선로에서의 고장, 발전기 탈락과 같은 큰 외란에 대한 전력계통의 동기 운전 가능 여부로 판정되는 안정도는?

① 과도 안정도
② 정태 안정도
③ 전압 안정도
④ 미소신호 안정도

해설 | 안정도의 종류
- 정태 안정도(Static Stability)
- 과도 안정도(Transient Stability)
- 동태 안정도(Dynamic Stability)

18 역률 개선에 의한 배전계통의 효과가 아닌 것은?

① 전력손실 감소
② 전압강하 감소
③ 변압기 용량 감소
④ 전선의 표피효과 감소

해설 | 역률 개선의 효과
- 전력손실 경감
- 전압강하 경감
- 설비 용량 여유분 증가
- 전기 요금 절약

19 원자력 발전의 특징이 아닌 것은?

① 건설비와 연료비가 높다.
② 설비는 국내 관련 사업을 발전시킨다.
③ 수송 및 저장이 용이하여 비용이 절감된다.
④ 방사선 측정기, 폐기물 처리 장치 등이 필요하다.

해설 | 원자력 발전 특징
건설비는 높지만 연료비가 적음

20 최대 전력의 발생 시각 또는 발생 시기의 분산을 나타내는 지표는?

① 부등률   ② 부하율
③ 수용률   ④ 전일효율

해설 | 부등률 계산식
$$부등률 = \frac{각 수용가 최대수용전력의 합}{합성 최대수용전력 (동시간대)} \geq 1$$

2017년 1회

전기산업기사 / 전력공학

01
19/1.8 [mm] 경동연선의 바깥지름은 몇 [mm]인가?

① 5 ② 7
③ 9 ④ 11

해설 | 경동연선의 바깥지름 계산
문제에서 소선수 $N=19$, 소선의 외경은 $d=1.8[mm]$

- 소선 층수(n) 계산
  소선수 식 $N=3n(n+1)+1$
  $19=3n(n+1)+1$
  $n=2$
- 바깥지름(D) 계산
  $D=(2n+1)d$
  $=(2\times2+1)\times1.8=9\,[mm]$

TIP n : 소선층수 d : 전선 직경

02
일반적으로 전선 1가닥의 단위 길이당 작용정전용량이 다음과 같이 표시되는 경우 D가 의미하는 것은?

$$C_n = \frac{0.02413\epsilon_s}{\log_{10}\dfrac{D}{r}}\,[\mu F/km]$$

① 선간거리 ② 전선 지름
③ 전선 반지름 ④ 선간거리×1/2

해설 | 작용정전용량
D의 의미는 전선 간의 선간거리, r은 반지름을 의미한다.

03
3상 3선식 1선 1 [km]의 임피던스가 Z [Ω]이고, 어드미턴스가 Y [℧]일 때 특성임피던스는?

① $\sqrt{\dfrac{Z}{Y}}$ ② $\sqrt{\dfrac{Y}{Z}}$
③ $\sqrt{ZY}$ ④ $\sqrt{Z+Y}$

해설 | 특성임피던스(Z_0)
$$Z_0 = \sqrt{\frac{Z}{Y}} = \sqrt{\frac{R+j\omega L}{G+j\omega C}}$$
$$= \sqrt{\frac{L}{C}}\,[\Omega]$$

TIP Z : 단위길이당 선로의 임피던스
Y : 어드미턴스

③ 전파정수를 나타낸다.
$\gamma = \sqrt{ZY}$
$= \sqrt{(R+j\omega L)(G+j\omega C)} = \alpha+j\beta$

정답 01 ③ 02 ① 03 ①

04 역률 개선을 통해 얻을 수 있는 효과와 거리가 먼 것은?

① 고조파 제거
② 전력손실의 경감
③ 전압강하의 경감
④ 설비 용량의 여유분 증가

해설 | **역률 개선의 효과**
- 전력손실 경감
- 전압강하 경감
- 설비 용량 여유분 증가
- 전기 요금 절약

① 고조파 경감 대책은 아래와 같다.
  교류 필터 설치
  변압기를 △결선
  직렬리액터 설치 및 용량 증가

② 전력손실의 경감 $P_l = \dfrac{P^2 R}{V^2 \cos\theta^2}$

05 송전단전압이 154 [kV], 수전단전압이 150 [kV]인 송전선로에서 부하를 차단하였을 때 수전단전압이 152 [kV]가 되었다면 전압 변동률은 약 몇 [%]인가?

① 1.11 ② 1.33
③ 1.63 ④ 2.25

해설 | **전압 변동률(δ) 계산**

$\delta = \dfrac{V_{r0} - V_{rn}}{V_{rn}} \times 100$

$= \dfrac{152 - 150}{150} \times 100 = 1.33\,[\%]$

V_{r0} : 무부하 시 수전단전압
V_{rn} : 정격부하 시 수전단전압

06 다음 중 VCB의 소호 원리로 맞는 것은?

① 압축된 공기를 아크에 불어 넣어서 차단
② 절연유 분해가스의 흡부력을 이용해서 차단
③ 고진공에서 전자의 고속도 확산에 의해 차단
④ 고성능 절연특성을 가진 가스를 이용하여 차단

해설 | **진공차단기(VCB)**
VCB (Vacuum Circuit Breaker)
- 진공 중의 아크 소호 능력 이용
- 22.9 [kV] 이하 수·변전 설비에서 많이 사용
  ① ABB(Air Blast Circuit Breaker)
  ② OCB(Oil Circuit Breaker)
  ③ GCB(Gas Circuit Breaker)

07 선간 단락 고장을 대칭좌표법으로 해석할 경우 필요한 것 모두를 나열한 것은?

① 정상임피던스
② 역상임피던스
③ 정상임피던스, 역상임피던스
④ 정상임피던스, 영상임피던스

해설 | **대칭좌표법**

고장 종류	대칭분
3상 단락	정상분
선간 단락	정상분, 역상분
1선 지락	정상분, 역상분, 영상분

정답 04 ① 05 ② 06 ③ 07 ③

08 피뢰기의 제한전압에 대한 설명으로 옳은 것은?

① 방전을 개시할 때의 단자전압의 순싯값
② 피뢰기 동작 중 단자전압의 파고값
③ 특성 요소에 흐르는 전압의 순싯값
④ 피뢰기에 걸린 회로전압

해설 | **피뢰기 제한전압**
- 피뢰기가 처리하고 남은 전압
- 충격파전류가 흐르고 있을 때, 피뢰기 단자전압의 파고값

09 전력계통에서 안정도의 종류에 속하지 않는 것은?

① 상태 안정도
② 정태 안정도
③ 과도 안정도
④ 동태 안정도

해설 | **안정도의 종류**
- 정태 안정도(Static Stability) : 정상 운전 시 부하를 서서히 증가했을 때 안정 운전을 지속할 수 있는 정도
- 과도 안정도(Transient Stability) : 부하급변 또는 사고로 계통에 충격을 주었을 때 연결된 동기기가 동기를 유지하면서 안정적 운전을 할 수 있는 정도
- 동태 안정도(Dynamic Stability) : 자동전압조정기(AVR) 또는 조속기 등이 갖는 제어효과를 고려한 정도

10 3300 [V], 60 [Hz], 뒤진 역률 60 [%], 300 [kW]의 단상 부하가 있다. 그 역률을 100 [%]로 하기 위한 전력용 콘덴서의 용량은 몇 [kVA]인가?

① 150
② 250
③ 400
④ 500

해설 | 전력용 콘덴서의 용량(Q_c) 계산
$$Q_c = P(\tan\theta_1 - \tan\theta_2)$$
$$= P(\frac{\sin\theta_1}{\cos\theta_1} - \frac{\sin\theta_2}{\cos\theta_2})$$
$$= 300 \times (\frac{0.8}{0.6} - \frac{0}{1}) = 400 \, [kVA]$$
$$\therefore \sin\theta = \sqrt{1-\cos^2\theta}$$

11 저수지에서 취수구에 제수문을 설치하는 목적은?

① 낙차를 높인다.
② 어족을 보호한다.
③ 수차를 조절한다.
④ 유량을 조절한다.

해설 | **제수문의 역할**
수력 발전소의 유량 조절

12 거리 계전기의 종류가 아닌 것은?

① 모우(Mho)형
② 임피던스형
③ 리액턴스형
④ 정전용량형

해설 | **거리 계전기 종류**
임피던스형, 옴형, 모형, 오프셋 모형, 리액턴스형

13 전력용 퓨즈의 설명으로 옳지 않은 것은?

① 소형으로 큰 차단 용량을 갖는다.
② 가격이 싸고 유지 보수가 간단하다.
③ 밀폐형 퓨즈는 차단 시에 소음이 없다.
④ 과도전류에 의해 쉽게 용단되지 않는다.

해설 | 전력 퓨즈(PF)
- 단락전류 차단
- 소형으로 차단 용량이 큼
- 가격이 저렴하며 보수가 간단
- 차단 시 소음이 적음
- 과도전류에 용단되기 쉬움

14 갈수량이란 어떤 유량을 말하는가?

① 1년 365일 중 95일간은 이보다 낮아지지 않는 유량
② 1년 365일 중 185일간은 이보다 낮아지지 않는 유량
③ 1년 365일 중 275일간은 이보다 낮아지지 않는 유량
④ 1년 365일 중 355일간은 이보다 낮아지지 않는 유량

해설 | 유황곡선의 유량 크기(365일 기준)
다음 유량 이하로 내려가지 않는 유량
- 갈수량 : 355일
- 저수량 : 275일
- 평수량 : 185일
- 풍수량 : 95일

15 가공 선로에서 이도를 D [m]라 하면 전선의 실제 길이는 경간 S [m]보다 얼마나 차이가 나는가?

① $\dfrac{5D}{8S}$ ② $\dfrac{3D^2}{8S}$

③ $\dfrac{9D}{8S^2}$ ④ $\dfrac{8D^2}{3S}$

해설 | 전선 실제 길이(L) 식
$$L = S + \dfrac{8D^2}{3S}[m]$$

16 유도뢰에 대한 차폐에서 가공지선이 있을 경우 전선상에 유기되는 전하를 q_1, 가공지선이 없을 때 유기되는 전하를 q_0라 할 때 가공지선의 보호율을 구하면?

① $\dfrac{q_0}{q_1}$ ② $\dfrac{q_1}{q_0}$

③ $q_1 \times q_0$ ④ $q_1 - \mu_s q_0$

해설 | 가공지선 보호율(m)
$$m = \dfrac{\text{가공지선 있을 경우 유기전하}(q_1)}{\text{가공지선 없을 경우 유기전하}(q_0)}$$

17 어떤 건물에서 총 설비 부하 용량이 700 [kW], 수용률이 70 [%]라면, 변압기 용량은 최소 몇 [kVA]로 하여야 하는가? (단, 여기서 설비 부하의 종합 역률은 0.8이다)

① 425.9 ② 513.8
③ 612.5 ④ 739.2

해설 | 변압기 용량(Q_T) 계산

$$Q_T = \frac{각 수용가의 최대수용전력의 합}{부등률 \times 역률 (\times 효율)}$$
$$= \frac{700 \times 0.7}{0.8} = 612.5 [kVA]$$

18 동작전류가 커질수록 동작 시간이 짧게 되는 특성을 가진 계전기는?

① 반한시 계전기 ② 정한시 계전기
③ 순한시 계전기 ④ 부한시 계전기

해설 | 보호계전기의 동작시간에 의한 분류

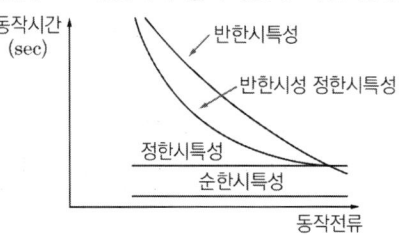

반한시 계전 : 장전류가 크면 동작시간이 짧고, 고장전류가 작으면 동작시간이 길어짐

19 전력 원선도의 가로축 ①과 세로축 ②가 나타내는 것은?

① ① 최대전력, ② 피상전력
② ① 유효전력, ② 무효전력
③ ① 조상용량, ② 송전손실
④ ① 송전효율, ② 코로나 손실

해설 | 전력원선도
세로축(무효전력), 가로축(유효전력)

20 직접 접지 방식에 대한 설명이 아닌 것은?

① 과도 안정도가 좋다.
② 변압기의 단절연이 가능하다.
③ 보호계전기의 동작이 용이하다.
④ 계통의 절연 수준이 낮아지므로 경제적이다.

해설 | 직접 접지 특징
• 1선 지락 시 건전상 대지전압 상승 거의 없음
• 선로 및 기기의 절연 레벨을 낮춤
• 보호계전기 동작 확실
• 단절연 변압기 사용 가능(저감 절연)
• 과도 안정도가 나쁨
• 지락 시 지락전류가 최대
• 통신선 전자유도장해가 발생
• 차단기 차단 능력이 증가

2017년 2회

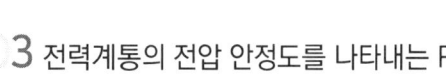

01 개폐서지를 흡수할 목적으로 설치하는 것의 약어는?

① CT   ② SA
③ GIS   ④ ATS

해설 | **서지흡수기(SA)**
개폐서지(내부적 요인)로부터 기기 보호 목적

02 다음 중 표준형 철탑이 아닌 것은?

① 내선 철탑   ② 직선 철탑
③ 각도 철탑   ④ 인류 철탑

해설 | **철탑의 종류**
내선 철탑은 표준형 철탑이 아니다.
철탑의 종류로는 직선형(A형), 각도형, B형, C형, 인류형(D형), 보강형, 내장형(E형)이 있다.

03 전력계통의 전압 안정도를 나타내는 P – V 곡선에 대한 설명 중 적합하지 않은 것은?

① 가로축은 수전단전압을 세로축은 무효전력을 나타낸다.
② 진상무효전력이 부족하면 전압은 안정되고 진상무효전력이 과잉되면 전압은 불안정하게 된다.
③ 전압불안정현상이 일어나지 않도록 전압을 일정하게 유지하려면 무효전력을 적절하게 공급하여야 한다.
④ P – V곡선에서 주어진 역률에서 전압을 증가시키더라도 송전할 수 있는 최대 전력이 존재하는 임계점이 있다.

해설 | **P – V곡선(전압 안정도)**
• 가로축 : 유효전력
• 세로축 : 수전단전압

정답 01 ② 02 ① 03 ①

04 3상으로 표준전압 3 [kV], 800 [kW]를 역률 0.9로 수전하는 공장의 수전회로에 시설할 계기용 변류기의 변류비로 적당한 것은? (단, 변류기의 2차 전류는 5 [A]이며, 여유율은 1.2로 한다)

① 10   ② 20
③ 30   ④ 40

해설 | **변류비(a) 계산**

- $I_1 = \dfrac{P}{\sqrt{3}\,V\cos\theta} \times 1.2$

$\quad = \dfrac{800 \times 10^3}{\sqrt{3} \times 3 \times 10^3 \times 0.9} \times 1.2$

$\quad = 205.28\,[A]$

- $I_2 = 5\,[A]$

$\therefore a = \dfrac{I_1}{I_2} = \dfrac{205}{5} \fallingdotseq 40$배

---

05 발전기나 변압기의 내부 고장 검출에 주로 사용되는 계전기는?

① 역상 계전기   ② 과전압 계전기
③ 과전류 계전기   ④ 비율 차동 계전기

해설 | **비율차동계전기**
- 1, 2차 전류 차가 일정 비율 이상 시 동작
- 변압기 및 발전기의 내부 고장 보호

---

06 3000 [kW], 역률 80 [%] (뒤짐)의 부하에 전력을 공급하고 있는 변전소에 전력용 콘덴서를 설치하여 변전소에서의 역률을 90 [%]로 향상시키는 데 필요한 전력용 콘덴서의 용량은 약 몇 [kVA]인가?

① 600   ② 700
③ 800   ④ 900

해설 | **전력용 콘덴서의 용량(Q_c) 계산**

$Q_c = P\left(\dfrac{\sin\theta_1}{\cos\theta_1} - \dfrac{\sin\theta_2}{\cos\theta_2}\right)$

$= 3000 \times \left(\dfrac{\sqrt{1-0.8^2}}{0.8} - \dfrac{\sqrt{1-0.9^2}}{0.9}\right)$

$\fallingdotseq 800\,[kVA]$

---

07 역률 0.8인 부하 480 [kW]를 공급하는 변전소에 전력용 콘덴서 220 [kVA]를 설치하면 역률은 몇 [%]로 개선할 수 있는가?

① 92   ② 94
③ 96   ④ 99

해설 | **역률($\cos\theta$) 계산 [%]**

- 콘덴서 설치 전 무효전력(X_1)

$X_1 = P \times \tan\theta = 480 \times \dfrac{0.6}{0.8}$

$\quad = 360\,[kVar]$

- 콘덴서 (X_3) 설치 후 무효전력 (X_2)

$X_2 = X_1 - X_3 = 360 - 220$

$\quad = 140\,[kVar]$

$\therefore \cos\theta = \dfrac{P}{P_a} = \dfrac{480}{\sqrt{480^2 + 140^2}} = 0.96$

8 수전단을 단락한 경우 송전단에서 본 임피던스는 300 [Ω]이고, 수전단을 개방한 경우에는 1200 [Ω]일 때 이 선로의 특성임피던스는 몇 [Ω]인가?

① 300 ② 500
③ 600 ④ 800

해설 | 특성임피던스(Z_0) 계산
$$Z_0 = \sqrt{\frac{Z_s}{Y_f}} = \sqrt{Z_s Z_f} = \sqrt{300 \times 1200}$$
$$= 600 \,[\Omega]$$

9 배전전압, 배전 거리 및 전력손실이 같다는 조건에서 단상 2선식 전기 방식의 전선 총 중량을 100 [%]라 할 때 3상 3선식 전기 방식은 몇 [%]인가?

① 33.3 ② 37.5
③ 75.0 ④ 100.0

해설 | 단상 2선식 대비 전체 전선 중량비
= 전력손실비 (사용전압 및 전력, 손실 일정)

- 단상 3선식 $\frac{3}{8}$
- 3상 3선식 $\frac{3}{4}$
- 3상 4선식 $\frac{1}{3}$

∴ 3상 3선식 $\frac{3}{4} = 75\,[\%]$

10 외뢰(外雷)에 대한 주 보호장치로서 송전계통의 절연협조의 기본이 되는 것은?

① 애자 ② 변압기
③ 차단기 ④ 피뢰기

해설 | 절연협조
- 피뢰기의 제한전압이 기본이 됨
- 계통 상호 간 적정한 절연강도를 지니게 함
- 계통 설계를 합리적·경제적으로 함
- 절연협조에 의한 절연강도 순서
  피뢰기 → 변압기 → 기기부싱 → 결합 콘덴서 → 선로애자(강해지는 순서)

11 배전선로의 전기적 특성 중 그 값이 1 이상인 것은?

① 전압강하율 ② 부등률
③ 부하율 ④ 수용률

해설 | 부등률 계산식
$$부등률 = \frac{각\ 수용가\ 최대수용전력의\ 합}{합성\ 최대수용전력\ (동시간대)} \geq 1$$

12 1000 [kVA]의 단상변압기 3대를 △-△ 결선의 1뱅크로 하여 사용하는 변전소가 부하 증가로 다시 1대의 단상변압기를 증설하여 2뱅크로 사용하면 최대 약 몇 [kVA]의 3상 부하에 적용 할 수 있는가?

① 1730 ② 2000
③ 3460 ④ 4000

해설 | V결선 출력(P_V) 계산
$$2P_V = 2 \times \sqrt{3} P$$
$$= 2\sqrt{3} \times 1000 ≒ 3460 \,[kVA]$$

정답 08 ③ 09 ③ 10 ④ 11 ② 12 ③

13 3300 [V] 배전선로의 전압을 6600 [V]로 승압하고 같은 손실률로 송전하는 경우 송전전력은 승압전의 몇 배인가?

① $\sqrt{3}$ ② 2
③ 3 ④ 4

해설 | 전압 n배 승압 시 각 전기 요소 값
- 공급전력 $P \propto V^2$
- 전압강하 $e \propto \dfrac{1}{V}$
- 전선 굵기 $A \propto \dfrac{1}{V^2}$
- 전압강하율 $\varepsilon \propto \dfrac{1}{V^2}$
- 전력손실률 $P_l \propto \dfrac{1}{V^2}$

$\therefore P \propto V^2$, $\dfrac{6600^2}{3300^2} = 4$배

14 송전선로에 근접한 통신선에 유도장해가 발생하였다. 전자유도의 주된 원인은?

① 영상전류 ② 정상전류
③ 정상전압 ④ 역상전압

해설 | 유도장해 발생 원인
- 전자유도장해(영상전류)
  전력선과 통신선 간 상호 인덕턴스가 원인
- 정전유도장해(영상전압)
  전력선과 통신선간거리 상호 정전용량이 원인

15 기력발전소의 열사이클 과정 중 단열팽창 과정에서 물 또는 증기의 상태 변화로 옳은 것은?

① 습증기 → 포화액
② 포화액 → 압축액
③ 과열증기 → 습증기
④ 압축액 → 포화액 → 포화증기

해설 | 단열팽창
과열증기 → 습증기

16 3상 배전선로의 전압강하율(%)을 나타내는 식이 아닌 것은? (단, V_s : 송전단전압, V_T : 수전단전압, I : 부하전류, P : 부하전력, Q : 무효전력이다)

① $\dfrac{PR+QX}{V^2} \times 100$

② $\dfrac{V_s - V_T}{V_T} \times 100$

③ $\dfrac{V_s(PR+QX)}{V_T} \times 100$

④ $\dfrac{\sqrt{3}I}{V_T}(R\cos\theta + X\sin\theta) \times 100$

해설 | 전압강하율(ε) 계산식

$\varepsilon = \dfrac{e}{V_r} \times 100[\%] = \dfrac{V_s - V_r}{V_r} \times 100\,[\%]$

$= \dfrac{\sqrt{3}I}{V_r}(R\cos\theta + X\sin\theta) \times 100\,[\%]$

$= \dfrac{P}{V_r^2}(R + X\tan\theta) \times 100\,[\%]$

$= \dfrac{PR+QX}{V^2} \times 100\,[\%]$

정답 13 ④ 14 ① 15 ③ 16 ③

17 송전선로의 보호 방식으로 지락에 대한 보호는 영상전류를 이용하여 어떤 계전기를 동작시키는가?

① 선택지락 계전기
② 전류차동 계전기
③ 과전압 계전기
④ 거리 계전기

해설 | 영상전류는 지락 계전기를 동작시킨다.

18 경수감속 냉각형 원자로에 속하는 것은?

① 고속증식로
② 열중성자로
③ 비등수형 원자로
④ 흑연감속 가스 냉각로

해설 | 경수감속 냉각형 원자로
- 비등수형 원자로 (BWR)
- 가압 경수형 원자로 (PWR)

19 장거리 송전선로의 특성을 표현한 회로로 옳은 것은?

① 분산부하회로
② 분포정수회로
③ 집중정수회로
④ 특성임피던스회로

해설 | 장거리 송전선로(100 [km] 이상)
분포정수회로

20 배전선로에 3상 3선식 비접지 방식을 채용할 경우 장점이 아닌 것은?

① 과도 안정도가 크다.
② 1선 지락고장 시 고장전류가 작다.
③ 1선 지락고장 시 인접 통신선의 유도장해가 작다.
④ 1선 지락고장 시 건전상의 대지전위 상승이 작다.

해설 | 비접지계통 (△) 1선 지락사고 시
- 지락되는 상(고장 상)은 '0' 전위가 됨
- 나머지 상의 전위는 $\sqrt{3}$ 배 상승

2017년 3회

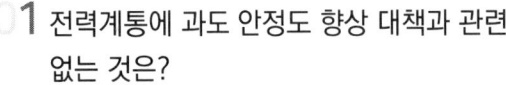

01 전력계통에 과도 안정도 향상 대책과 관련 없는 것은?

① 빠른 고장 제거
② 속응 여자 시스템 사용
③ 큰 임피던스의 변압기 사용
④ 병렬 송전선로의 추가 건설

해설 | 안정도 향상 대책
- 계통의 직렬 리액턴스 감소
- 조속기 작동을 빠르게 한다.
- 속응 여자 방식
- 계통연계 방식
- 고속도 재폐로 방식
- 중간 조상 방식
- 직렬 콘덴서 설치
- 병렬 회선 수 늘림

02 다음 중 페란티현상의 방지 대책으로 적합하지 않은 것은?

① 선로전류를 지상이 되도록 한다.
② 수전단에 분로리액터를 설치한다.
③ 동기 조상기를 부족여자로 운전한다.
④ 부하를 차단하여 무부하가 되도록 한다.

해설 | 페란티현상
- 수전단전압이 송전단전압보다 높아짐
- 페란티 발생 원인
  정전용량(C) 영향으로 충전전류가 흐름
- 페란티 대책
  분로(병렬) 리액터 투입

03 보호계전기의 구비 조건으로 틀린 것은?

① 고장 상태를 신속하게 선택 할 것
② 조정 범위가 넓고 조정이 쉬울 것
③ 보호 동작이 정확하고 감도가 예민할 것
④ 접점의 소모가 크고, 열적·기계적 강도가 클 것

해설 | 보호계전기 구비 조건
- 확실성, 선택성, 신속성
- 고장 상태를 신속하게 선택할 것
- 조정 범위가 넓고 조정이 쉬울 것
- 보호동작이 정확하고 감도가 예민할 것
- 접점 소모가 적고, 열적·기계적 강도가 클 것
- 적절한 후비 보호 능력이 있을 것
- 과도 안정도를 유지하는 데 필요한 한도 내의 동작 시한을 가질 것

04 우리나라의 화력발전소에서 가장 많이 사용되고 있는 복수기는?

① 분사 복수기   ② 방사 복수기
③ 표면 복수기   ④ 증발 복수기

해설 | 복수기
- 화력발전에서 손실이 가장 큰 설비
- 우리나라에서는 표면 복수기를 주로 사용
- 냉각수를 통해 습증기를 급수로 변환

정답 01 ③ 02 ④ 03 ④ 04 ③

05 뒤진 역률 80 [%], 1000 [kW]의 3상 부하가 있다. 이것에 콘덴서를 설치하여 역률을 95 [%]로 개선하려면 콘덴서의 용량은 약 몇 [kVA]로 해야 하는가?

① 240
② 420
③ 630
④ 950

해설 | 전력용 콘덴서의 용량(Q_c) 계산
$$Q_c = P\left(\frac{\sin\theta_1}{\cos\theta_1} - \frac{\sin\theta_2}{\cos\theta_2}\right)$$
$$= 1000 \times \left(\frac{\sqrt{1-0.8^2}}{0.8} - \frac{\sqrt{1-0.95^2}}{0.95}\right)$$
$$\fallingdotseq 420 \, [kVA]$$

06 154 [kV] 송전선로에 10개의 현수애자가 연결되어 있다. 다음 중 전압부담이 가장 적은 것은? (단, 애자는 같은 간격으로 설치되어 있다)

① 철탑에 가장 가까운 것
② 철탑에서 3번째에 있는 것
③ 전선에서 가장 가까운 것
④ 전선에서 3번째에 있는 것

해설 | 애자련 전압 부담 강도(154 [kV] 기준)
(1) 전압부담 가장 큼
 • 전선에서 1번째 애자
(2) 전압부담 가장 적음
 • 전선에서 8번째 애자
 • 철탑에서 3번째 애자

07 교류송전에서는 송전거리가 멀어질수록 동일 전압에서의 송전 가능 전력이 적어진다. 그 이유로 가장 알맞은 것은?

① 표피효과가 커지기 때문이다.
② 코로나 손실이 증가하기 때문이다.
③ 선로의 어드미턴스가 커지기 때문이다.
④ 선로의 유도성 리액턴스가 커지기 때문이다.

해설 | 송전전력(P) 계산식
$$P = \frac{V_s V_r}{X} \sin\theta$$
∴ X(리액턴스) 상승 시 전력이 적어짐

08 충전된 콘덴서의 에너지에 의한 트립되는 방식으로 정류기, 콘덴서 등으로 구성되어 있는 차단기의 트립 방식은?

① 과전류 트립 방식
② 콘덴서 트립 방식
③ 직류전압 트립 방식
④ 부족전압 트립 방식

해설 | 콘덴서 트립 방식(CTD)
충전된 콘덴서 에너지에 의하여 트립

09 어느 일정한 방향으로 일정한 크기 이상의 단락전류가 흘렀을 때 동작하는 보호계전기의 약어는?

① ZR
② UFR
③ OVR
④ DOCR

해설 | 방향 과전류 계전기(DOCR)
일정한 방향으로 일정한 크기 이상 단락전류가 흘렀을 때 동작

10 전선의 자체 중량과 빙설의 종합하중을 W_1, 풍압하중을 W_2라 할 때 합성하중은?

① $W_1 + W_2$
② $W_2 - W_1$
③ $\sqrt{W_1 - W_2}$
④ $\sqrt{W_1^2 + W_2^2}$

해설 | 합성 하중(W_t) 식
$W_t = \sqrt{W_1^2 + W_2^2}$

11 보호계전기 동작 속도에 관한 사항으로 한시 특성 중 반한시형을 바르게 설명한 것은?

① 입력 크기에 관계없이 정해진 한시에 동작하는 것
② 입력이 커질수록 짧은 한시에 동작하는 것
③ 일정 입력(200 [%])에서 0.2초 이내로 동작하는 것
④ 일정 입력(200 [%])에서 0.04초 이내로 동작하는 것

해설 | 반한시 계전기
• 동작전류가 작으면 동작 시간이 길다.
• 동작전류가 크면 동작 시간이 짧아진다.

12 다음 중 배전선로의 부하율이 F일 때 손실계수 H와의 관계로 옳은 것은?

① $H = F$
② $H = \dfrac{1}{F}$
③ $H = F^3$
④ $0 \leq F^2 \leq H \leq F \leq 1$

해설 | 부하율 [F]과 손실 계수 [H]의 관계
$0 \leq F^2 \leq H \leq F \leq 1$

13 송전선에 낙뢰가 가해져서 애자에 섬락이 생기면 아크가 생겨 애자가 손상되는데 이것을 방지하기 위하여 사용하는 것은?

① 댐퍼(Damper)
② 아킹혼(Arcing Horn)
③ 아모로드(Armour Rod)
④ 가공지선(Overhead Ground Wire)

해설 | 초호각(= 소호각 = Arcing Horn)
선로의 섬락으로부터 애자 보호

14 154 [kV] 3상 1회선 송전선로의 1선의 리액턴스가 10 [Ω], 전류가 200 [A]일 때 %리액턴스는?

① 1.84
② 2.25
③ 3.17
④ 4.19

해설 | %리액턴스(%X) 계산

$$\%X = \frac{XP}{10V^2} = \frac{X}{10V^2} \times P(=\sqrt{3}\,VI)$$
$$= \frac{10}{10 \times 154^2} \times \sqrt{3} \times 154 \times 200$$
$$= 2.25\,[\%]$$

15 우리나라에서 현재 가장 많이 사용되고 있는 배전 방식은?

① 3상 3선식
② 3상 4선식
③ 단상 2선식
④ 단상 3선식

해설 | 송·배전 선로 중성점 접지 방식
- 송전선로 : 3상 3선식 직접 접지 방식
- 배전선로 : 3상 4선식 다중 접지 방식

16 조상설비가 아닌 것은?

① 단권 변압기
② 분로리액터
③ 동기 조상기
④ 전력용 콘덴서

해설 | 조상설비 종류
- 전력용 콘덴서 : 진상 무효전력 공급
- 분로리액터 : 지상 무효전력 공급
- 동기 조상기 : 진상·지상 무효전력 공급

17 단거리 송전선의 4단자 정수 A, B, C, D 중 그 값이 0인 정수는?

① A
② B
③ C
④ D

해설 | 단거리 송전선로
- 저항과 인덕턴스가 직렬로 연결됨
- 병렬 어드미턴스 C는 존재하지 않음

18 전원 측과 송전선로의 합성 %Z_s가 10 [MVA] 기준용량으로 1 [%]의 지점에 변전설비를 시설하고자 한다. 이 변전소에 정격용량 6 [MVA]의 변압기를 설치할 때 변압기 2차 측의 단락 용량은 몇 [MVA]인가? (단, 변압기의 %Z_t는 6.9 [%]이다)

① 80
② 100
③ 120
④ 140

해설 | 변압기 2차 측 단락 용량(P_s) 계산
- 기준 용량 10 [MVA] 선정
- 변압기 2차 측까지의 합성임피던스(%Z)

$$\%Z = \%Z_s + \%Z_t = 1 + 6.9 \times \frac{10}{6}$$
$$= 12.5\,[\%]$$
$$\therefore P_s = \frac{100}{\%Z}P_n = \frac{100}{12.5} \times 10$$
$$= 80\,[MVA]$$

정답 14 ② 15 ② 16 ① 17 ③ 18 ①

19 그림과 같은 단상 2선식 배선에서 인입구 A점의 전압이 220 [V]라면 C점의 전압 [V]은? (단, 저항값은 1선의 값이며 AB 간은 0.05 [Ω], BC 간은 0.1 [Ω]이다)

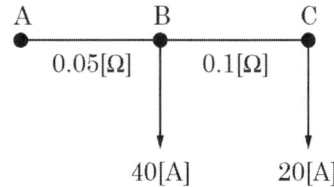

① 214　　② 210
③ 196　　④ 192

해설 | 전압 계산(V)
- B 지점 전압

$$V_B = V_A - e_{AB}$$
$$= 220 - (40 + 20) \times 0.05 \times 2$$
$$= 214$$

∴ C 지점 전압

$$V_C = V_B - e_{BC} = 214 - 20 \times 0.1 \times 2$$
$$= 210$$

20 파동임피던스가 300 [Ω]인 가공송전선 1 [km]당의 인덕턴스는 몇 [mH/km]인가? (단, 저항과 누설컨덕턴스는 무시한다)

① 0.5　　② 1
③ 1.5　　④ 2

해설 | 인덕턴스(L) 계산
- 특성임피던스(Z_0) 인덕턴스 계산식

$$\log_{10} \frac{D}{r} = \frac{Z_0}{138}, \quad L = 0.4605 \times \frac{Z_0}{138}$$

$$\therefore L = 0.4605 \times \frac{300}{138} \fallingdotseq 1 \, [mH/km]$$

모아바 www.moa-ba.com
모아소방전기학원 www.moate.co.kr

[모아] 전기산업기사 전력공학 필기 이론+과년도 7개년

발행일	2024년 2월 1일 개정1판 1쇄
지은이	천은지
발행인	황모아
발행처	(주)모아교육그룹
주 소	서울특별시 영등포구 영신로 32길 29 세화빌딩 2층
전 화	02-2068-2852(출판), 010-3766-5656(주문)
팩 스	0504-337-0149(주문)
등 록	제2015-000006호 (2015.1.16.)
이메일	moate2068@hanmail.net
누리집	www.moate.co.kr
ISBN	979-11-6804-227-8

이 책의 가격은 뒤표지에 있습니다.

Copyright ⓒ (주)모아교육그룹 Co., Ltd. All Rights Reserved.

이 책은 저작권법에 의해 보호를 받는 저작물이므로 저자와 출판사의 서면 허락 없이 내용의 전부 또는 일부를 이용하는 것을 금합니다.

전기산업기사 합격!
여러분의 합격은 모아의 보람입니다.

끊임없이 변화를
추구하는 교육기업
모아교육그룹

모아를 선택해주신 여러분께 감사드립니다.

✔ 모아는 혁신적인 교육을 통해 인간의 사고(思考)를
  확장 및 변화시킬 수 있다고 믿고 있습니다.
✔ 모아는 미래를 교육으로 변화시킬 수 있다고 믿고 있습니다.
✔ 모아는 청년부터 장년, 중년, 노년까지의
  성인교육에 중점을 두고 사업을 진행하고 있습니다.

초고령화, 불확실성의 시대
모아는 당신의 미래를 함께 하는 혁신적인 교육 플랫폼이 되겠습니다.